Jayendra Kanani

Automatização no fabrico de rolamentos utilizando um pacote de software

Jayendra Kanani

Automatização no fabrico de rolamentos utilizando um pacote de software

ScienciaScripts

Imprint

Cover image: www.ingimage.com

This book is a translation from the original published under ISBN 978-3-659-86763-7.

Publisher:
Sciencia Scripts
is a trademark of
Dodo Books Indian Ocean Ltd. and OmniScriptum S.R.L publishing group

120 High Road, East Finchley, London, N2 9ED, United Kingdom
Str. Armeneasca 28/1, office 1, Chisinau MD-2012, Republic of Moldova, Europe
Managing Directors: Ieva Konstantinova, Victoria Ursu
info@omniscriptum.com

Printed at: see last page
ISBN: 978-620-8-57961-6

ÍNDICE DE CONTEÚDOS

RESUMO

A tecnologia de forjamento é amplamente utilizada em todo o mundo para fabricar componentes pequenos e grandes. Ex:- Bielas, parafusos e porcas, componentes para automóveis, pistas de rolamentos, eixos. Esta tecnologia é também conhecida como uma tecnologia de fabrico sem aparas. A tecnologia de forjamento proporciona uma melhor estrutura metalúrgica, produção em massa, bom acabamento superficial, etc. Basicamente, existem três tipos de forjamento: forjamento a frio, forjamento a quente e forjamento a quente. O forjamento a frio e a quente é utilizado para fabricar componentes de tamanho médio, enquanto o forjamento a quente é geralmente utilizado para fabricar componentes de grandes dimensões. Ex:- Biela, válvula de automóvel, pista de rolamento.

A procura do produto de forjamento tem vindo a aumentar de dia para dia devido ao desenvolvimento em todos os sectores. Para atingir esse objetivo, é necessário aumentar a produção e, simultaneamente, reduzir os custos. A automatização é uma óptima opção para aumentar a produção e reduzir o esforço físico humano. Na era tecnológica atual, a automatização tornou-se muito fácil devido à disponibilidade de equipamento básico normalizado, como cilindros pneumático-hidráulicos, servomotores, sensores, contadores digitais, etc. Existem inúmeros factores subjacentes ao desenvolvimento da automatização no processo de forjamento. Durante a revisão da literatura, existem muitas instalações automáticas para forjamento a quente já desenvolvidas para fabricar componentes de chapa metálica e bielas. Neste projeto, a principal concentração é no fabrico da pista exterior da chumaceira de rolos cónicos. No presente trabalho, o objetivo principal é reduzir a mão de obra e aumentar a produção até ao nível ótimo. Para reduzir a mão de obra utilizada na tecnologia de fabrico atual, o processo de conformação em várias fases é desenvolvido com um mecanismo de transferência adequado. Num processo de conformação em várias fases, mais do que um processo deve ser realizado numa única máquina. No atual processo de forjamento para o fabrico de rolamentos, são utilizadas três prensas individuais para realizar três operações, ao passo que, nesta tecnologia, uma única prensa pesada realizará a mesma operação. Para conceber o modelo 3D do sistema de conformação em várias fases, é utilizado o software ProWildfire 4.0 (Pro-E).

AGRADECIMENTOS

Em primeiro lugar, gostaria de manifestar o meu sincero apreço ao meu supervisor, o Professor Assistente SANDEEP SONI, pela sua supervisão perspicaz, apoio e encorajamento constantes. Agradeço a sua ajuda contínua dentro e fora do meio académico.

Estou muito grato ao meu encarregado de curso, o Prof. Dr. Ravi Kant. Dr. Ravi Kant. Sinto-me muito privilegiado por ter os seus preciosos conselhos, orientação e liderança.

Os meus agradecimentos especiais ao Prof. Dr. D.P. Vakhariya, que me deu uma visão para este tópico.

Gostaria também de agradecer ao Diretor e ao Prof. Dr. H.B. Naik pelas suas discussões e apoios perspicazes.

Muito obrigado à Kirti forging - VAVDI por me ter dado uma oportunidade maravilhosa de visitar a empresa e por me ter dado uma orientação conhecedora.

Para além disso, gostaria de expressar os meus mais profundos sentimentos aos meus queridos pais e à minha família pelo seu apoio invicto às minhas decisões em todas as etapas da minha vida. Nesta altura, é mais importante do que nunca tê-los ao meu lado. Estou-lhes eternamente grato.

Por último, gostaria de agradecer aos meus colegas pela amizade sincera e pelo apoio técnico prestado ao longo deste período. Este período tornou-se tão consequente com a sua harmonia.

Jayendra Kanani

NOMENCLATURA

f_g	Gripping force
Mw	Mass of work-piece to be forged
g	Gravity
F	Gravity factor
μ	Coefficient of friction
R_N	Normal force

CAPÍTULO: 1

INTRODUÇÃO

1.1 Visão geral do rolamento:

A chumaceira é um elemento rotativo de alta velocidade da máquina. Pode ser utilizado para resistir a cargas radiais e axiais, dependendo do tipo de rolamento. Por exemplo, o rolamento de rolos cónicos é utilizado para ambos os tipos de carga, enquanto o rolamento de rolos cilíndricos é utilizado apenas para a carga radial.

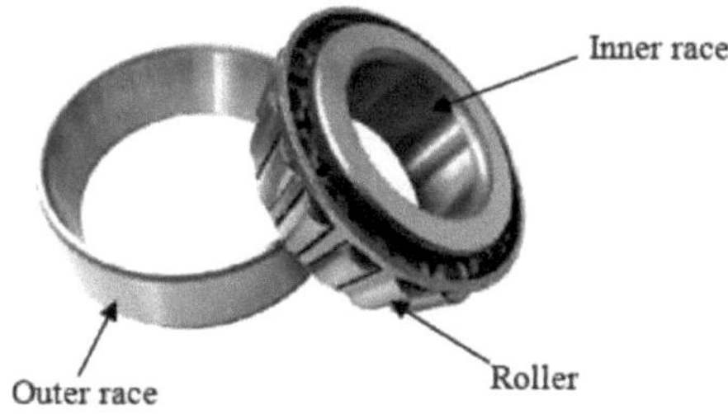

Fig. 1.1 Rolamento de rolos cónicos

A chumaceira é um componente crítico em qualquer tipo de montagem mecânica e é amplamente utilizada em todo o mundo, desde o ventilador de teto até ao veículo espacial. Basicamente, contém três componentes principais

I) Corrida interior

II) Rolo

III) Corrida exterior

A pista interior e a pista exterior são fabricadas por forjamento a quente, enquanto o rolo é fabricado por forjamento a frio.

1.2 Forjamento:

O forjamento pode ser definido como a deformação plástica controlada de metais num tamanho ou forma pré-determinados, utilizando forças de compressão exercidas através de um tipo específico de matriz por um martelo, uma prensa ou uma máquina de rebarbar.

Tipos de forjamento:

I) Forjamento a frio

II) Forjamento a quente

III) Forjamento a quente

Forjamento a frio:- Um processo de forjamento que é feito à temperatura ambiente é conhecido como forjamento a frio. Por exemplo, parafusos e porcas, eixos.

Forjamento a quente: - Um processo de forjamento que é feito acima da temperatura de endurecimento do trabalho e abaixo da temperatura de recristalização é conhecido como forjamento a quente. Por exemplo, parafusos e porcas SS. **Forjamento** a quente: - Um processo de forjamento que é feito mais do que a temperatura de recristalização. é conhecido como forjamento a quente. Por exemplo, biela, pista de rolamento.

1.2.1 Porque é que o forjamento é muito popular?

Em qualquer tipo de produto, o custo da matéria-prima representa uma parte importante do custo total do produto. Para reduzir o custo do produto, deve ser utilizada uma dimensão óptima do material. Assim, o forjamento é a única solução entre todas as tecnologias de fabrico existentes atualmente.

Méritos:-

É necessária uma menor pressão de forjamento em comparação com o processo a frio e a quente,

A estrutura do grão é refinada,

Melhoria das propriedades dos materiais.

Deméritos:-

É necessário um dispositivo de aquecimento,

A área de trabalho é muito quente, pelo que é difícil para o trabalhador trabalhar nestas circunstâncias. O acabamento superficial e a tolerância dimensional são fracos, pelo que é necessária a maquinagem final.

1.2.2 Tipos de processos de forjamento: Existem dois tipos de processo de forjamento, de acordo com o número de etapas necessárias para concluir a operação de forjamento.

1) Processo de forjamento de estágio único: - Para terminar a operação de forjamento, é necessário apenas um estágio, de modo que é conhecido como processo de forjamento de estágio único.

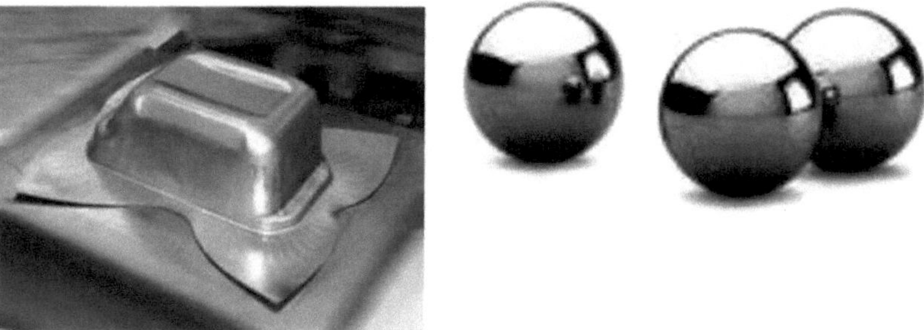

Fig. 1.2 Processo de forjamento de uma fase

2) Processo de forjamento em várias etapas: - Nesta categoria, é necessária mais de uma etapa para concluir a operação de forjamento.

Fig. 1.3 Processo de forjamento em vários estágios

1.3 Breve panorâmica das máquinas de forjar:

Uma prensa de forjamento transforma a peça de trabalho num objeto tridimensional, não só alterando a sua forma visível, mas também a estrutura interna do material. O objetivo da máquina é fornecer as forças, os momentos e o potencial de trabalho necessários e a orientação mútua das peças da ferramenta. À medida que os materiais das peças de trabalho foram melhorando e as tolerâncias das peças de trabalho se foram aproximando, os requisitos das máquinas de conformação aumentaram necessariamente. Isto resultou numa concentração no aumento da rigidez da estrutura da prensa para melhorar a precisão do forjamento, a automatização e a alta velocidade

1.3.1 Tipos de prensas de forja:

Prensa mecânica: As prensas mecânicas armazenam normalmente energia num volante rotativo, que é acionado por um motor elétrico. O volante é acoplado e desengatado a um acionamento mecânico, como uma cambota, um eixo excêntrico, uma engrenagem excêntrica ou alavancas de articulação, que convertem a rotação do volante em movimento vertical. As prensas mecânicas desenvolvem resultados de forjamento consistentes e oferecem elevada produtividade e precisão. A força aplicada é máxima na parte inferior do curso de trabalho

Prensa hidráulica: As prensas hidráulicas são acionadas por pistões de grandes dimensões, movidos por sistemas hidráulicos ou hidropneumáticos de alta pressão. O seu movimento é lento em comparação com as prensas mecânicas e de parafuso. Nas prensas hidráulicas, a peça de trabalho é espremida em vez de sofrer um impacto. Em funcionamento, a pressão hidráulica é aplicada na parte superior do pistão, movendo o êmbolo para baixo. Quando o curso está completo, é aplicada pressão no lado oposto do pistão para levantar o cilindro.

Prensa de parafuso: As prensas de parafuso utilizam um parafuso mecânico para traduzir o movimento de rotação em movimento vertical ou recíproco. Resumidamente, o cilindro actua como uma porca num eixo de parafuso rotativo, movendo-se para cima ou para baixo em função da rotação do parafuso. A energia é fornecida por um volante de inércia, normalmente acoplado a uma embraiagem limitadora de binário (deslizante), ou por um motor elétrico de inversão de marcha de acionamento direto. A principal vantagem das prensas de parafuso em relação às prensas mecânicas de manivela é o controlo da espessura final na prensa de parafuso.

1.3.2 Principais componentes da prensa mecânica:

Fig. 1.4 Prensa mecânica

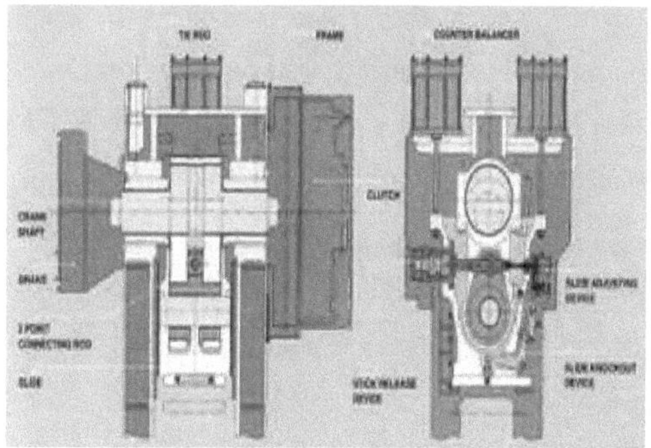

Fig. 1.5 Estrutura básica da prensa mecânica e seus componentes

Moldura: É o componente mais crítico da prensa. A sua função é fornecer suporte estrutural para os componentes que o rodeiam. Resiste às forças e aos momentos da máquina, de modo que deve ser suficientemente rígida para suportar a carga. Geralmente, é feita de ferro fundido.

Virabrequim: A cambota é uma peça da máquina que traduz o movimento de rotação do volante em movimento linear alternativo da corrediça. Para converter o movimento de rotação em movimento recíproco, possui "pinos de manivela", uma superfície de apoio adicional cujo eixo está deslocado em relação ao da manivela, à qual está ligada a "extremidade grande" da biela. É fabricado em liga de aço.

Biela: A biela ou biela liga a corrediça à manivela ou cambota. Juntamente com a manivela, forma um mecanismo simples que converte o movimento de rotação em movimento recíproco. É fabricada em liga de aço.

Deslizar: É também conhecido como bloco. Fornece força de inércia suficiente para a máquina. Fornece uma superfície para fixar a matriz frontal ou deslizante. É feito de ferro fundido.

Embraiagem: Uma embraiagem é um dispositivo mecânico que permite a transmissão de potência (e, por conseguinte, de movimento) de um componente (motor elétrico) para outro (volante do motor). As embraiagens são utilizadas sempre que é necessário controlar a capacidade de limitar a transmissão de potência ou de movimento, quer em termos de quantidade quer de tempo.

Travão: Um travão é um dispositivo que inibe o movimento. O seu componente oposto é uma embraiagem.

Dispositivo de regulação da corrediça: É um dispositivo utilizado para ajustar o comprimento do curso. A distância entre a face superior da placa de reforço e a corrediça pode ser mantida de acordo com a definição da máquina através deste mecanismo.

Dispositivo de bloqueio por deslizamento: Trata-se de um dispositivo de segurança geralmente utilizado no forjamento em matriz fechada ou em matriz de impressão. Num forjamento de matriz fechada, a peça de trabalho pode ser levantada com a corrediça, à medida que a corrediça se aproxima para trás ou para cima, este dispositivo fornece uma força extra à peça de trabalho através da cavilha de eliminação, de modo a que a peça de trabalho liberte a matriz frontal (matriz deslizante).

Dispositivo de desbloqueio de varas: É um dispositivo que é utilizado para libertar a máquina, quando o tamanho da peça de trabalho é superior à cavidade da matriz, nessa altura a máquina pode encravar. Para libertar a máquina, é utilizado este dispositivo.

Contrabalanço: Um contrabalançador é um cilindro excêntrico ponderado que se opõe ao movimento descendente da corrediça para diminuir as vibrações em projectos de máquinas que não são inerentemente equilibrados. Exemplo: Passagem de nível de caminhos-de-ferro.

1.4 Significado de automatização:

Automatização significa eliminar o peso do trabalho físico dos seres humanos através da utilização de processos de produção automáticos.

As exigências crescentes relativamente à produtividade e flexibilidade das máquinas, bem como à qualidade dos produtos, requerem a utilização de máquinas ainda mais "inteligentes". Apesar das condições gerais mais difíceis nos processos de conformação, estas máquinas estão a ganhar importância também para esta tecnologia.

1.4.1 Automatização na indústria de forjamento a quente

O ambiente de trabalho na forja a quente é arriscado, quente, cansativo e perigoso para o ser humano. A automatização é uma boa solução para eliminar este problema. Desde o início da produção em massa nos **anos 50** e ***60,*** a tecnologia de automatização ajudou a aumentar a produção. As prensas de forja são concebidas para produtos normalizados de longa duração e não são adequadas para mudanças frequentes de ferramentas. A desvantagem destas máquinas rigidamente ligadas é a sua elevada suscetibilidade a avarias. Esta forma de automação também pode ser chamada de "automação inflexível". As linhas de prensas ou prensas individuais com sistemas de transporte foram desenvolvidas para proporcionar os seguintes benefícios:

- Redução dos tempos de produção,
- Maior rendimento, - Qualidade constante.

1.5 Planta da instalação de forja existente:

Para conhecer a atual operação de forjamento da pista de rolamentos, visitámos uma empresa de fabrico de pistas de rolamentos.

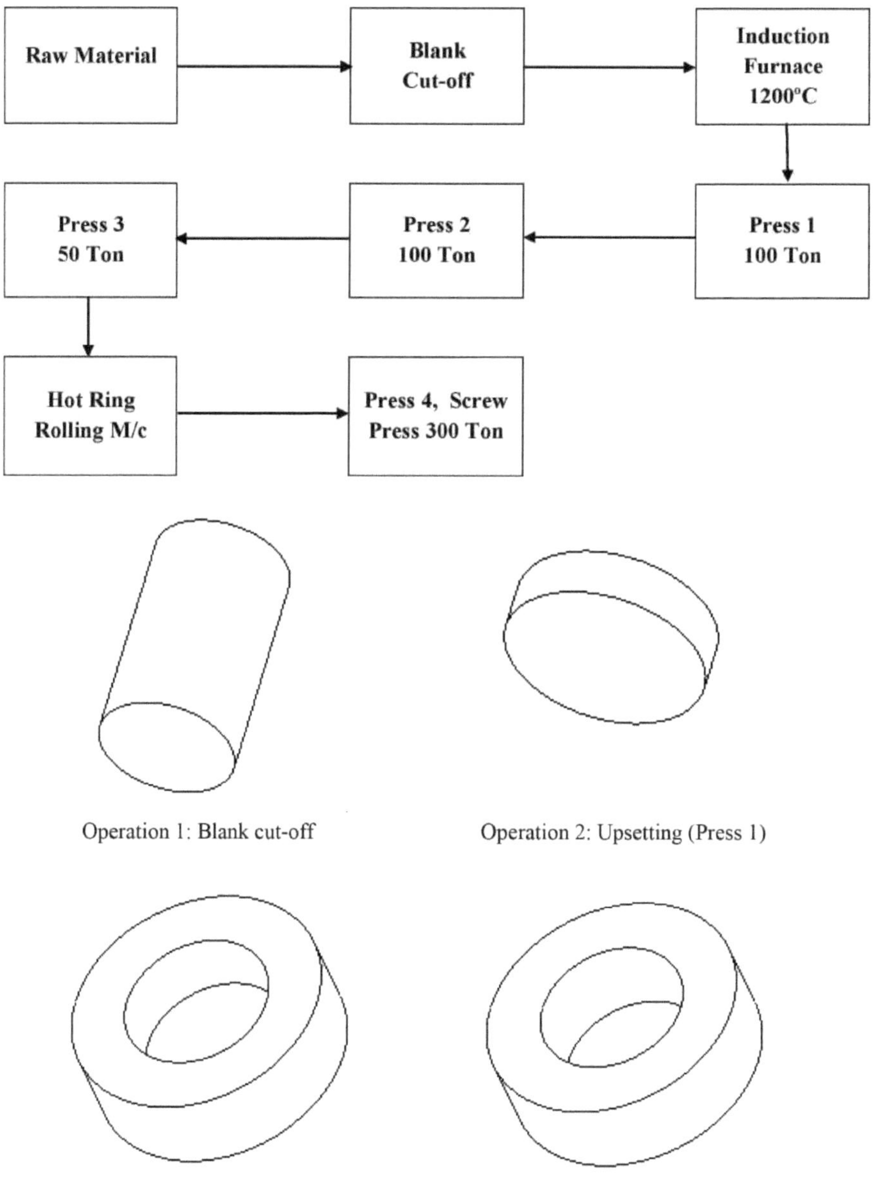

Operation 1: Blank cut-off

Operation 2: Upsetting (Press 1)

Operation 3:Backward forming (press 2)

Operation 4: Piercing (press 3)

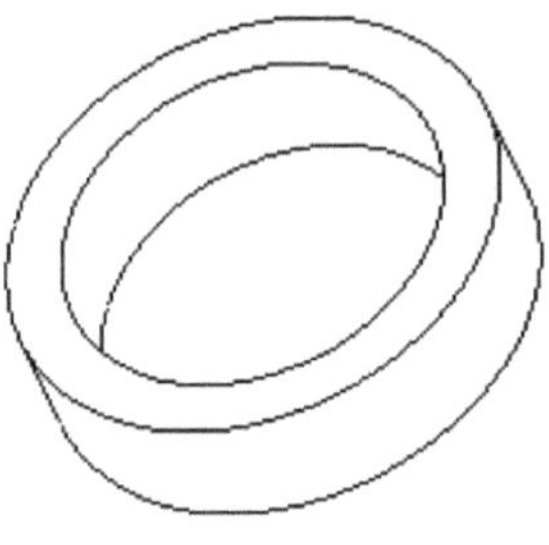

Operation 5: Hot ring rolling

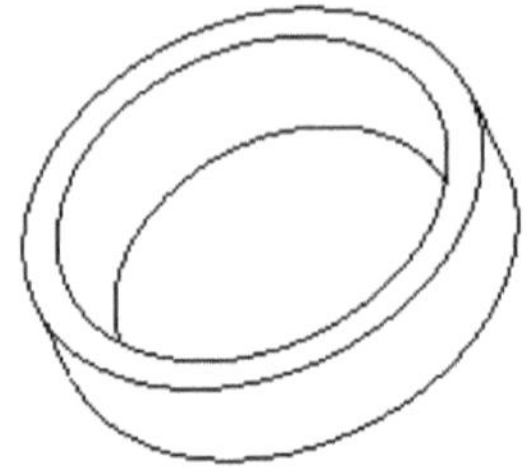

Operation 6: Final forging or closed die (press 4)

Fig. 1.6 Fases de forjamento na pista exterior do rolamento de rolos cónicos

Matéria-prima: Aço para rolamentos 100 Cr 6

Tabela 1.1 Composições químicas

	C%	Si%	Mn%	P%	S%	Cr%	Ni%	Mo%
Mínimo	0.93	0.15	0.25	-	-	1.32	-	-
Máximo	1.05	0.35	0.45	0.025	0.015	1.6	0.25	0.08

Quadro 1.2 Especificações técnicas

Módulo de Youngs (GPa)	Rácio de Poisson	Módulo de cisalhamento (GPa)	Densidade (kg/m^3)	Condutividade térmica (W/m °K)	Coeficiente de expansão linear (µm/m °C)
210	0.3	80	7800	45	11.1

Quadro 1.3 Designações de normas comparáveis

IS (INDIANO)	DIN (ALEMÃO)	ASTM/SAE (AMERICANO)	BS (BRITÂNICO)
100Cr6	100Cr6	52100	PT 31

Corte da peça em bruto: - O corte do tamanho da peça em bruto é efectuado com a ajuda de uma prensa.

Forno de indução:- Um forno de indução é um forno de funcionamento elétrico utilizado para fundir metais. Produz calor através da utilização de uma bobina solenoide de corrente alternada. O forno de indução foi inventado pela primeira vez em 1877, em Itália. Funciona segundo o princípio da indução electromagnética. A temperatura do forno é de cerca de 1100-1200°C.

Laminação **de anel quente M/c:-** A laminação de anel quente é um tipo especializado de laminação a quente que aumenta o diâmetro de um anel. O material de partida é um anel de paredes espessas. Esta peça de trabalho é colocada num rolo de rolos de rolos, enquanto outro rolo, chamado rolo de acionamento, pressiona o anel a partir do exterior. À medida que a laminagem ocorre, a espessura da parede diminui à medida que o diâmetro aumenta. Os rolos podem ser moldados para formar várias formas de secção transversal. A estrutura de grão resultante é circunferencial, o que confere melhores propriedades mecânicas.

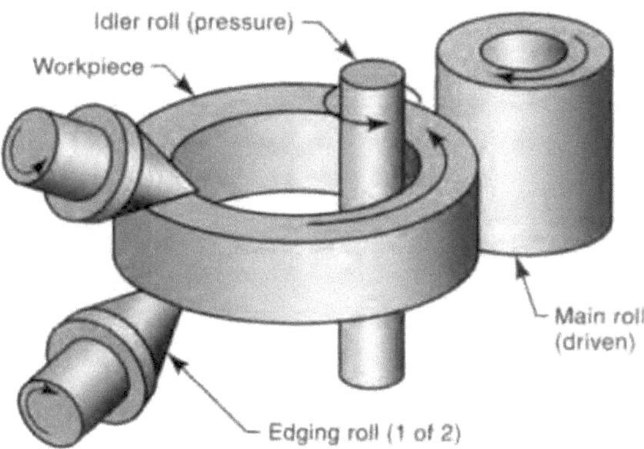

Fig. 1.7 Processo de laminagem de anéis a quente

CAPÍTULO: 2

ANÁLISE DA LITERATURA

2.1 Literatura referida:

Takamitsu Suzuki [1] desenvolveu actividades de desenvolvimento no domínio da tecnologia de forjamento e centrou-se principalmente na produção de peças forjadas mais precisas de formas complexas. A combinação dos processos de forjamento a frio e a quente torna-se mais eficaz para fabricar componentes de pequenas dimensões. O forjamento a quente é muito útil para componentes pesados, pelo que os forjados de várias fases têm sido vigorosamente desenvolvidos. Há uma redução significativa de custos pela racionalização do processo. Como o recozimento e a lubrificação não são necessários no forjamento a quente, o custo é menor do que o forjamento a frio.

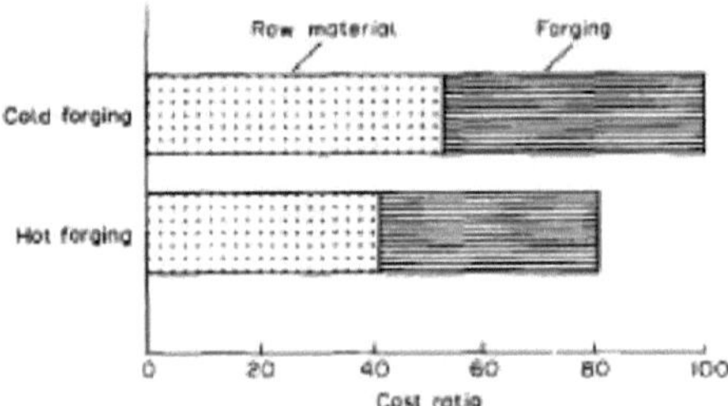

Fig. 2.1 Redução de custos através da racionalização de processos

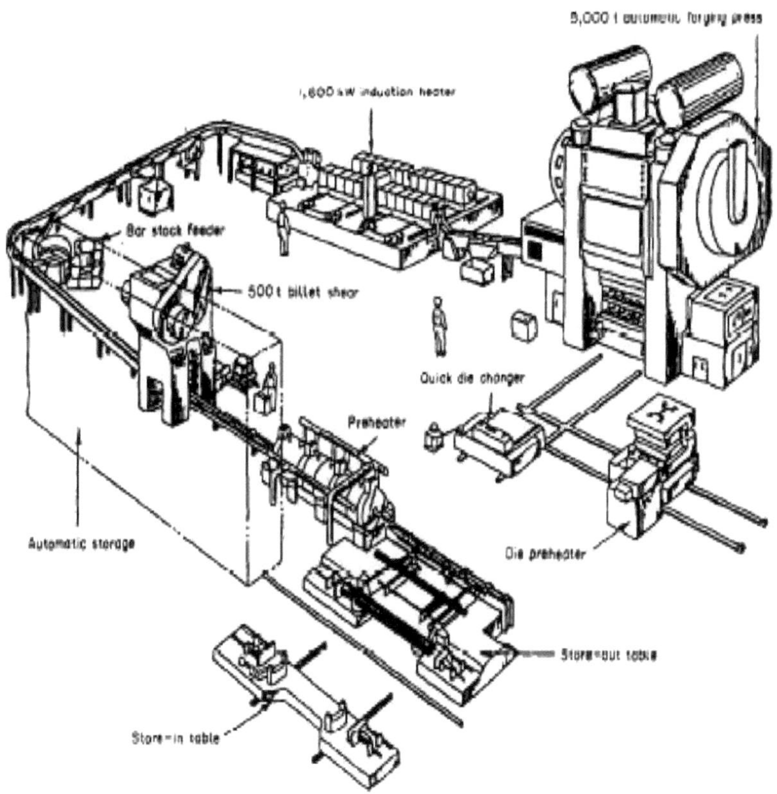

Fig. 2.2 Sistema de forjamento automático com troca rápida de ferramentas

Dieter Schmoeckel [2] representou o desenvolvimento de máquinas de moldagem em cinco etapas. Todas estas etapas reflectem os respectivos requisitos económicos e a sua implementação técnica. Na área da produção em massa, a automação estava em primeiro plano para alcançar uma maior produtividade. Estava relacionada com o tipo e, por isso, era inflexível. Nos últimos anos, a evolução das condições de mercado reforçou a tendência para a flexibilização das máquinas, inicialmente com o objetivo de melhorar tanto a flexibilidade das etapas como a flexibilidade dos ciclos de produção. O ponto focal do desenvolvimento foi em máquinas para aplicação em processos de conformação não relacionados com ferramentas. Desenvolvimentos mais recentes têm como objetivo melhorar também a flexibilidade do processo de técnicas de conformação relacionadas com ferramentas. No âmbito dos aspectos do processo e da garantia de qualidade, estão a ser desenvolvidas máquinas que permitem o controlo e a regulação do processo de conformação. São dados alguns exemplos para descrever o estado de desenvolvimento.

A.N. Barmley, D.J. Mynors [3] centraram-se na utilização de ferramentas numéricas/simulação e na sua aplicação e potencial futuro para a indústria do forjamento. Isto inclui os resultados da investigação efectuada pelos autores e outros sobre os aspectos de utilização destas técnicas. Alguns dos softwares de simulação e fornecedores são discutidos.

CAPS-Finel EESY-2-FORM EESY-FORM	CPM Sociedade de Gestão de Computadores Alemanha correio eletrónico: cpm-gmbh@t-online.de
DEFORMAR PC DEFORMAR PC PRO DEFORMAR 2D DEFORMAR 3D DEFORMAR HT	Scientific Forming Technologies Corporation Ohio correio eletrónico: SFTC@compuserve.com WWW: http:rrwww.deform.comr
FORJA 2 PCFORGE FORGE3 FORGE3 PC	Transvalor SA Les Espaces Delta França correio eletrónico: 100604.2665@compuserve.com WWW: http:rrwww.transvalor.com
MARC Autoforge	MARC Analysis Research Corporation EUA correio eletrónico: autoforge@marc.com WWW: http:rrwww.marc.com
MSC Superforge	MacNeal Schwendler _E.D.C.. B.V Países Baixos correio eletrónico: wim.slagter@macsch.com WWW: http:rrwww.macsch.com
Qform	Quantor Ltd Rússia correio eletrónico: inform@quantor.com WWW: http:rrwww.quantor.com

Tabela 2.1 Pacotes de simulação de forjamento e fornecedores

Murat Arbak, A. Erman Tekkaya, Feridun Oahan [4] compararam vários desempenhos para o forjamento a quente de pistas de rolamentos. Os autores determinaram um desempenho viável na primeira estação do processo de formação , de modo a prolongar o desgaste da ferramenta e evitar a sua fratura, partindo do princípio de que a pressão de contacto na interface entre as ferramentas e a peça de trabalho é o parâmetro predominante do processo. As pressões de contacto são determinadas por uma análise termo-mecânica precisa de elementos finitos acoplados, com base na descrição elástica-plástica do material.

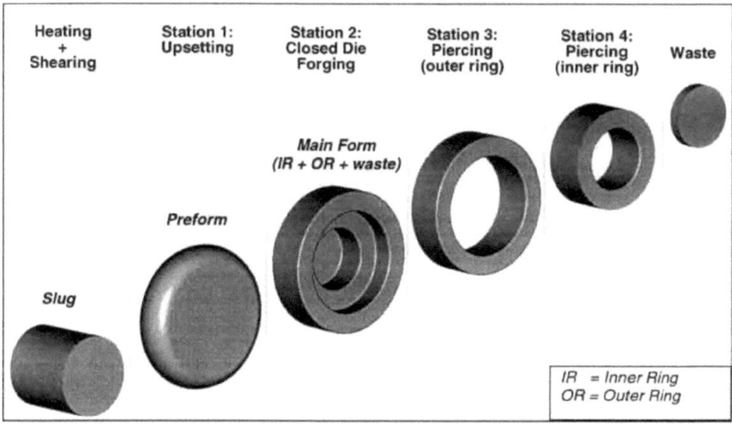

Fig. 2.3 Fases de produção dos anéis de rolamento

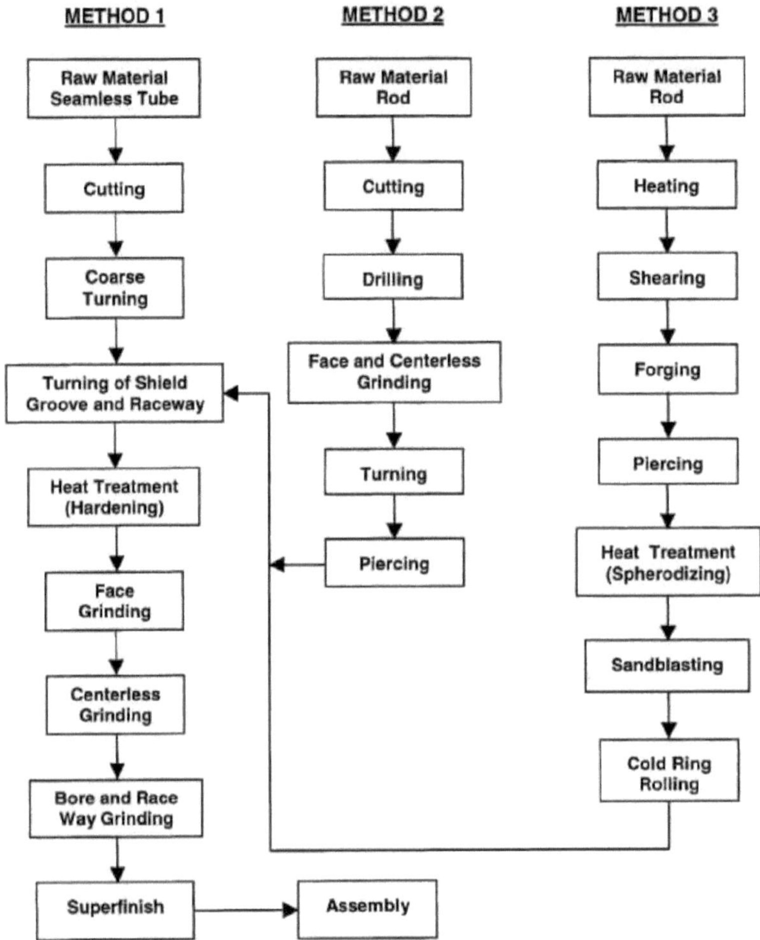

Fig. 2.4 Diagrama de blocos do processo de fabrico de pistas de rolamentos

Q. Wang, F. He [5] discutiram o desenvolvimento do forjamento de bielas na China. Uma biela é uma das peças mais importantes utilizadas em vários motores. Como a procura de automóveis e motociclos está a aumentar, para satisfazer essa procura com uma boa precisão dimensional geométrica e qualidade interna, foram desenvolvidas na China novas tecnologias e equipamentos de forjamento de precisão. Os autores esboçam novos progressos no forjamento de precisão de bielas na China: estes incluem a alimentação automática de biletes e um sistema de controlo da temperatura, aplicações 3D-CAD/CAM para decidir as fases de execução e o equipamento de forjamento.

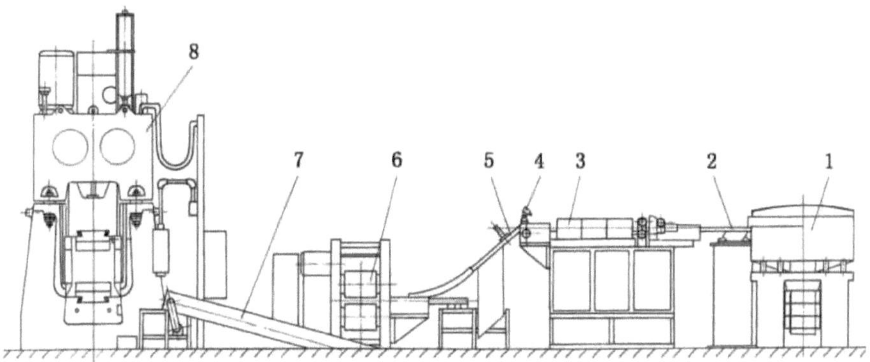

Fig. 2.5 Uma linha de produção de forjamento com alimentação automática de biletes e um sistema de controlo de temperatura: (1) taça vibratória; (2) dispositivo de alimentação intermédio; (3) aquecedor de indução; (4) câmara de infravermelhos; (5) dispositivo de classificação; (6) máquina de laminagem cruzada; (7) correia transportadora; (8) martelo de acionamento hidráulico.

A alimentação do lingote é efectuada por uma taça vibratória e um dispositivo de rolos servo-controlado. O lingote pode ser alimentado num aquecedor de indução com um tempo de ciclo predefinido. A monitorização contínua da temperatura do bilete à saída é feita por uma câmara de infravermelhos e um dispositivo de classificação de três vias. Apenas os biletes com uma temperatura adequada dentro do intervalo predefinido são autorizados a passar à estação seguinte para efetuar a operação. O controlo rigoroso da temperatura dos biletes garante uma elevada qualidade interna.

O Dr. W. Roddeck [6] mostrou os processos de conformação que foram automatizados nos últimos anos e outros que serão automatizados no futuro. Devido ao grande número de parâmetros variáveis para materiais conformados, é necessária uma ferramenta de automatização de elevada flexibilidade.

A variedade de microcomputadores atualmente disponíveis oferece poderosas ferramentas de automatização.

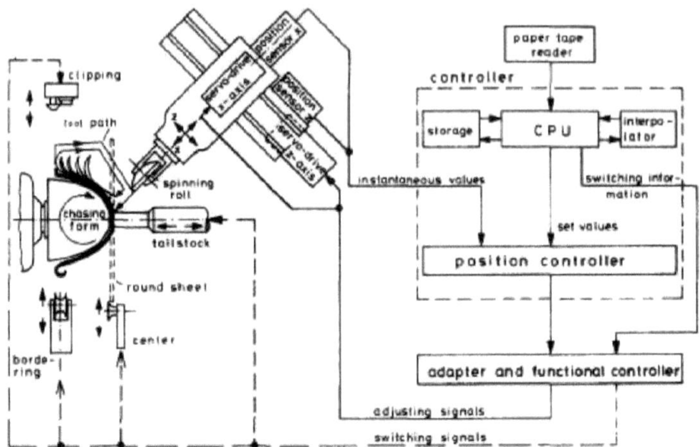

Fig. 2.6 Uma máquina de fiar e um controlador

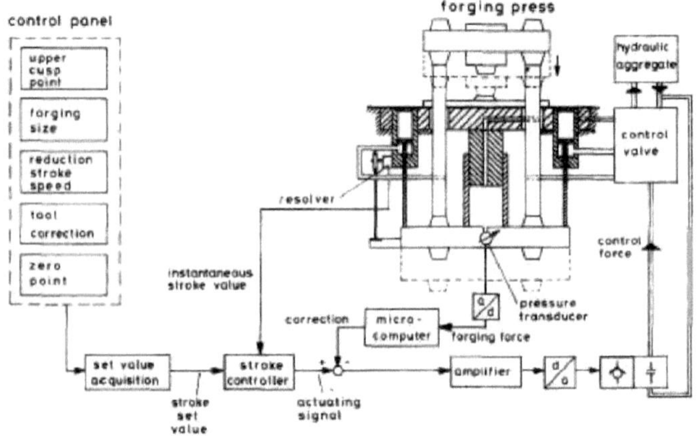

Fig. 2.7 Prensa de forjamento NC com correção de dados de posição

Kerim Cetinkaya [7] apresentou uma nova abordagem para a seleção de elementos de uma linha automática para a conformação de chapas metálicas. A seleção dos elementos de uma linha de automatização é uma tarefa complexa e fastidiosa, e existem poucas ferramentas para além de listas de verificação para ajudar os engenheiros na seleção de elementos adequados e rentáveis. Neste estudo, foi descrito como um sistema integrado de seleção de elementos de linha de automatização de prensas, denominado modelo PAESA (Press Automation Elements Selection Advisor). O PAESA incorporou 10 fases de factores integrados, tais como o perfil de propriedades de possíveis elementos, a definição de elementos desenvolvidos, a pesquisa na empresa, o contacto com a empresa e o serviço de apoio ao cliente, a especificação de requisitos, os mecanismos de condução, a seleção ambiental e o custo, a precisão do sistema, a estratégia do produto e a seleção fina.

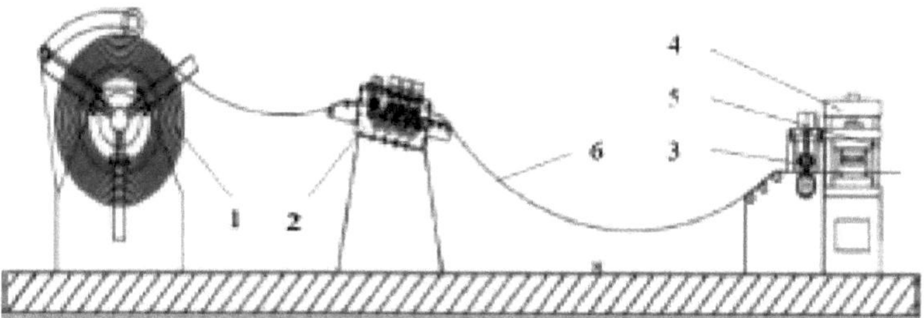

Fig. 2.8 Um elemento típico de linha automática para a conformação de chapas metálicas

1 - desbobinador, 2 - endireitador, 3 - alimentador, 4 - prensa, 5 - matriz, 6 - tira de chapa

M.J. Nategh, T.A. Dean [8] trabalharam para descrever uma visão geral dos sistemas de fabrico flexíveis (FMS) e examinaram as suas principais caraterísticas. O conceito de um SGF para o fabrico de componentes , constituído por uma célula de forja e maquinagem, é proposto e os seus pontos fortes e fracos são examinados. São abordados os requisitos de hardware e de comunicação informática. Os autores explicaram a relação entre flexibilidade e produtividade proporcionada pelo FMS (Fig. 2.14).

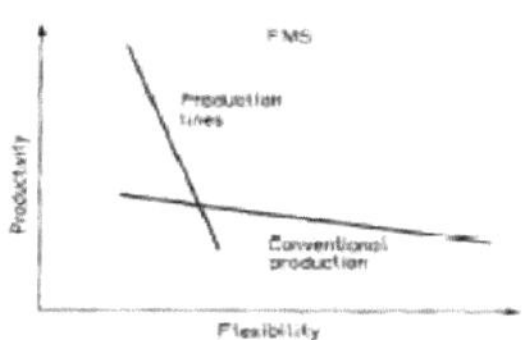

Fig. 2.9 A relação entre flexibilidade e produtividade proporcionada pelo FMS

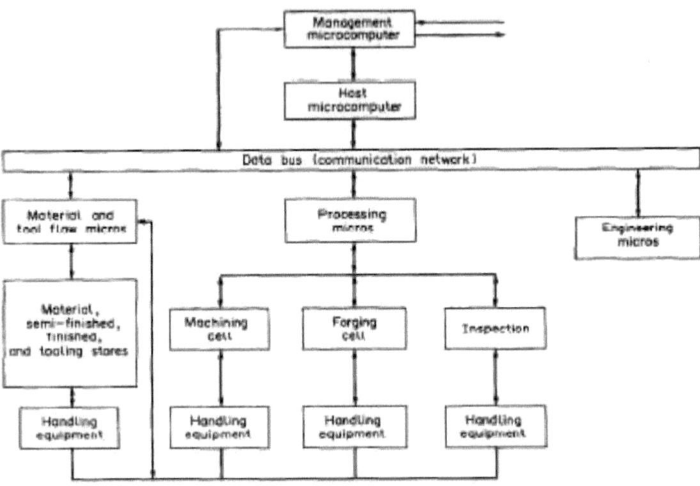

Fig. 2.10 Estrutura proposta para um sistema de forjamento-usinagem.

Steffen Reinsch, Bernd mussig, Bernd Schmidt, Kirsten Tracht [9] desenvolveram uma teoria avançada do sistema de fabrico de produtos forjados. A procura da indústria de peças de alta qualidade com um desempenho de entrega de alto nível está em constante crescimento. Para aumentar a qualidade do produto sem aumentar os custos, em muitos casos é necessário introduzir novos processos. Para fornecer esses produtos de forma flexível e com capacidade de resposta ao mercado, é necessário introduzir sistemas de fabrico avançados que permitam uma entrega rápida e fiável ao cliente dentro do prazo. A utilização do forjamento de precisão combinado com um sistema de fabrico avançado para forjar peças que costumavam ser forjadas tradicionalmente exige alterações na conceção dos produtos e dos processos. Não só as diferentes fases têm de ser formadas com uma elevada precisão, como também o posicionamento das peças inseridas na ferramenta tem de ser efectuado com um elevado nível de precisão. Para ganhar flexibilidade, as ferramentas também devem ser substituídas rapidamente por um sistema de mudança. Para além de uma linha de forjamento flexível e automatizada para a produção de peças de forjamento de precisão, é necessário um sistema de gestão de produção de elevado desempenho, especificamente adaptado aos requisitos individuais do sistema de fabrico avançado para forjamento de precisão. Por conseguinte, é necessário realizar uma integração bidirecional dos módulos de software de gestão de ferramentas, planeamento da produção e gestão de materiais. É essencial para o processo de forjamento de precisão monitorizar uma série de dados do processo que podem ser processados pelo sistema de gestão da produção. Isto facilita a ligação dos dados técnicos do processo aos dados logísticos do sistema de gestão do produto, a fim de aumentar o desempenho logístico no que respeita à eficiência, ao prazo de entrega e à entrega atempada do sistema de fabrico avançado.

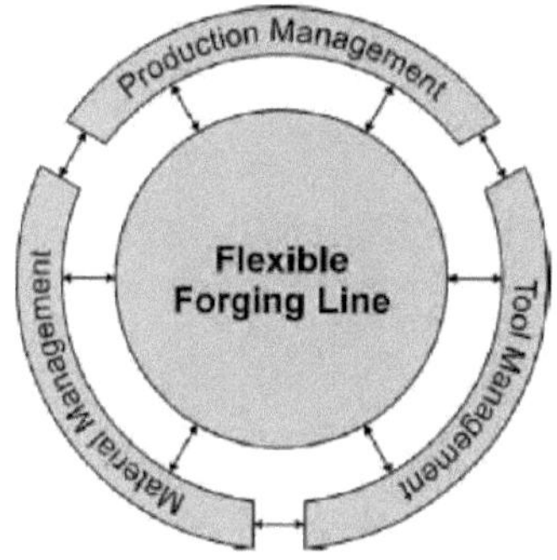

Fig. 2.11 Organização e sistemas informáticos integrados

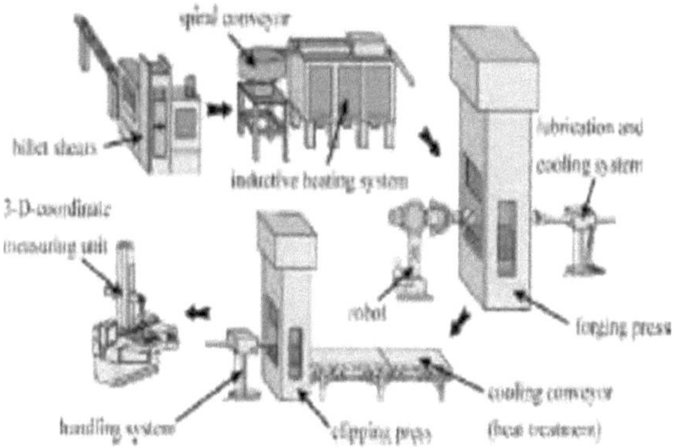

Fig. 2.12 Linha de forja automatizada

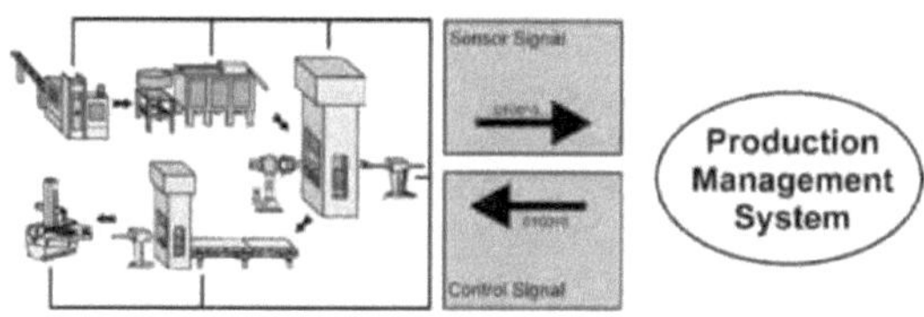

Fig. 2.13 Sistema integrado de gestão da produção

I.V. Logashina, E.N. Chumachenko [10] introduziram a teoria da utilização comercial das tecnologias da informação na moldagem de metais. Os autores discutiram a utilização das tecnologias da informação na modelação de tecnologias para a moldagem de metais. As técnicas de conceção são ilustradas utilizando como exemplo o complexo computacional multifuncional SPLEN (www.kommek.ru). Os métodos que foram desenvolvidos para analisar as operações envolvidas no forjamento e na laminagem estão agora a ser utilizados com êxito em várias fábricas de máquinas.

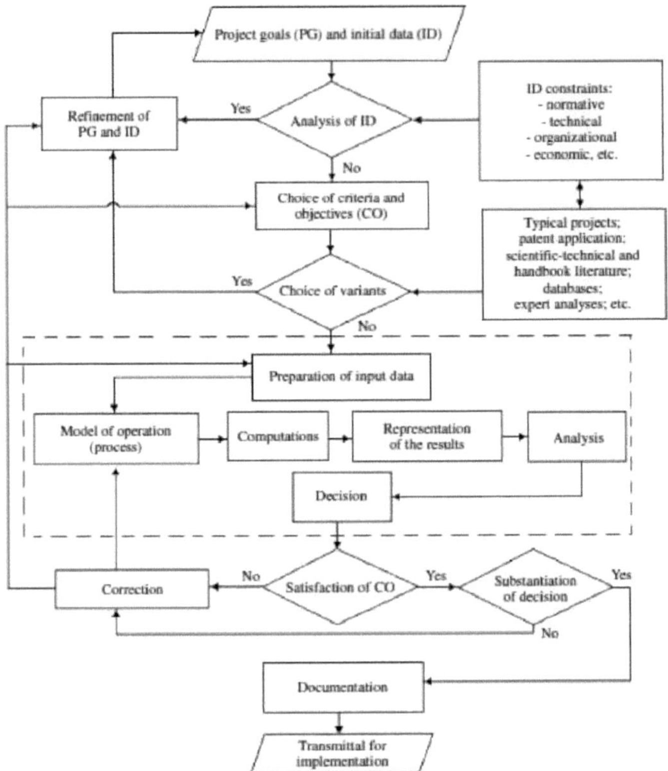

Fig. 2.14 Fluxograma das principais decisões tomadas por um designer na conceção de um processo de produção com recurso à modelação matemática

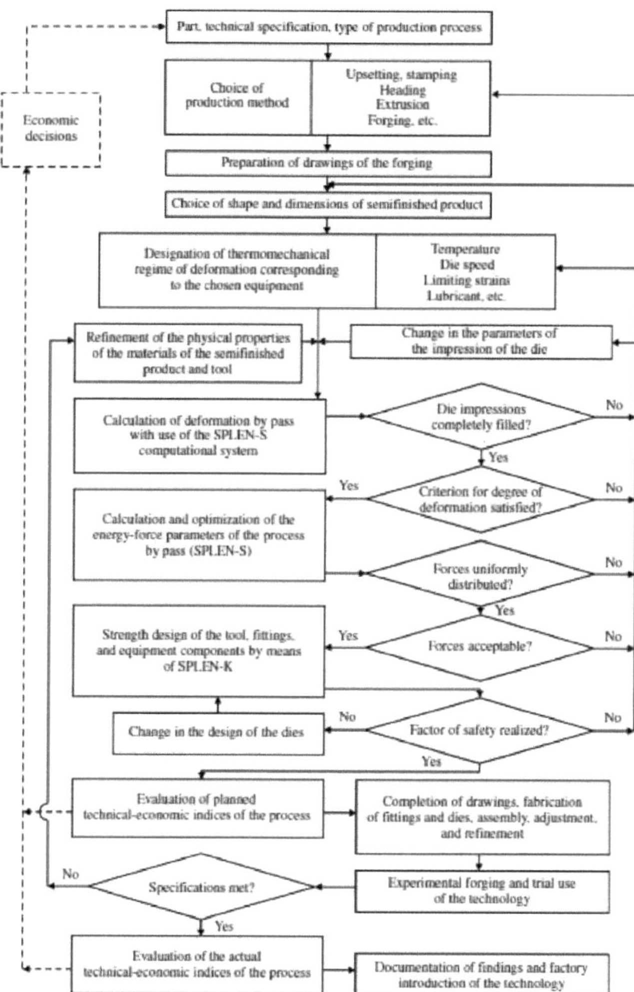

Fig. 2.15 Diagrama de blocos das etapas da conceção de uma tecnologia de forjamento por queda com a utilização de sistemas SPLEN.

N.A. Daw, J.Wang, Q.H.Wu, J. Chen e Y. Zhao[11] discutiram a não linearidade do cilindro pneumático. Os parâmetros que causam a não linearidade são o atrito, a compressibilidade do ar, a não linearidade da válvula de controlo, etc. Desenvolveram um modelo matemático para as válvulas de controlo. É realizada uma experiência para determinar o atrito estático de um determinado cilindro pneumático e é apresentado o resultado do atrito estático em função da posição do pistão, tanto no sentido positivo como no negativo. As condições experimentais para o teste do cilindro sem haste são

(1) Cilindro: 1(m), $\varphi = 32mm$, cilindro Festo; (2) Válvula: 5 orifícios, capacidade de caudal de 1/8, válvula proporcional Festo; (3) Sensor de velocidade: Codificador BEC; (4) Sensor de pressão Pres

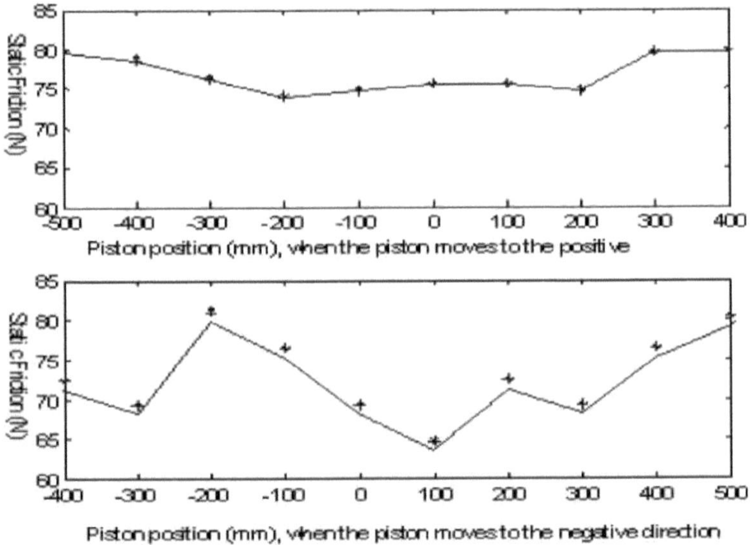

Fig. 2.16 Resultado experimental entre o atrito estático e a posição do pistão (mm)

V. V. Burenin referiu-se ao cilindro pneumático unidirecional e bidirecional. No cilindro unidirecional, o pistão (haste) executa apenas um único movimento produzido pelo fornecimento de ar comprimido (gás) a uma das cavidades. A haste e o pistão voltam à posição inicial sob a ação de uma mola ou de uma carga. A cavidade com a haste está em constante comunicação com a atmosfera. O pistão bidirecional move-se em ambas as direcções sob a pressão do ar comprimido (gás). Neste cilindro, o ar comprimido é fornecido alternadamente a cada uma das cavidades quando uma das cavidades está ligada à linha de ar comprimido por meio do distribuidor e a outra está ligada à atmosfera. O autor abordou o princípio de funcionamento do cilindro pneumático bidirecional com pistão e do cilindro pneumático bidirecional com distribuidor diferencial incorporado do dispositivo de inversão.

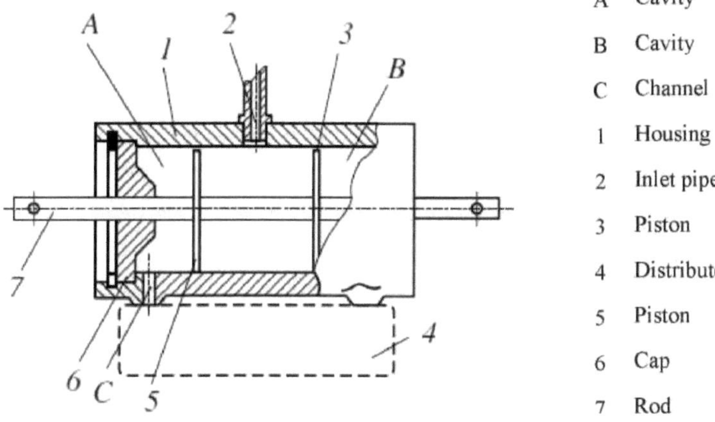

Fig. 2.17 Cilindro pneumático bidirecional com dois pistões

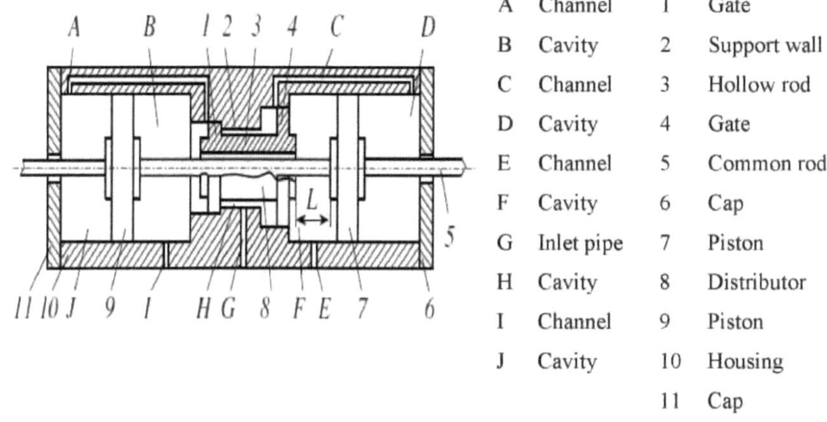

Fig. 2.18 Cilindro pneumático bidirecional com distribuidor diferencial incorporado do dispositivo de inversão

Ye Qifang, Chen Jiangping: discutiram o funcionamento das válvulas solenóides. O sistema completo é composto por cinco elementos: garrafa de gás, válvula de controlo a montante e a jusante, tubagem a montante e a jusante e a válvula solenoide em estudo

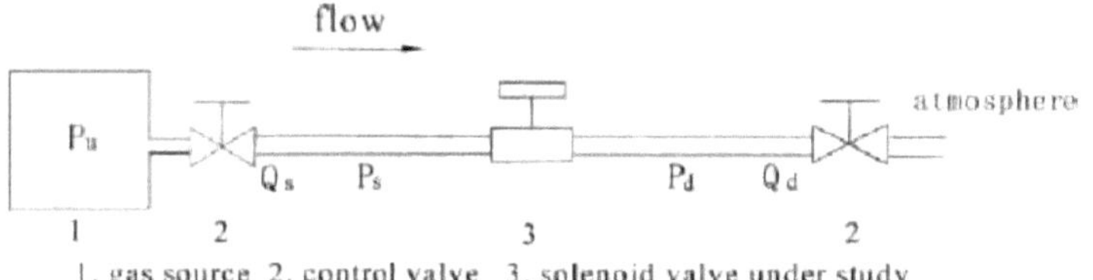

Fig. 2.19 Diagrama esquemático do sistema de válvulas solenóides

A representação simplificada da caraterística construtiva da válvula solenoide de dois estágios operada por piloto é mostrada na Fig. 2. É constituída essencialmente por dois subsistemas: a fase principal e a válvula da fase piloto. A válvula da fase piloto é concebida como uma válvula on-off. Um solenoide gera uma força electromagnética e acciona o eixo da válvula da fase piloto para abrir. Para uma válvula da fase piloto aberta, com a pressão de alimentação ps e o caudal de alimentação Qs, uma pequena quantidade de caudal Qa passa através do orifício a para a câmara b, Qb passa através do orifício b para a câmara c, Qc passa através da válvula piloto para a câmara d. Com o aumento da diferença de pressão entre pa e pb, o eixo da válvula principal é desequilibrado (força líquida da pré-compressão da mola e da gravidade do eixo da válvula principal). Isto faz com que a haste principal se mova para cima, aliviando o fluxo principal Qm da câmara a para a câmara d. Assim, a válvula principal abre-se. As pressões nas câmaras a, b, c, d são representadas por pa, pb, pc, pd, respetivamente. As densidades nas câmaras a, b, c, d são representadas por qa, qb, qc, qd, respetivamente.

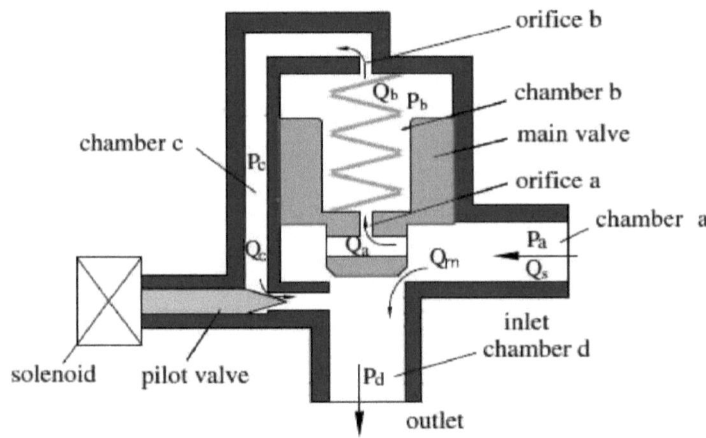

Fig. 2.20 Esboço esquemático da válvula solenoide

M. Taghizadeh, A. Ghaffari, F. Najafi forneceram pormenores sobre as válvulas de controlo electropneumático. As válvulas de controlo electropneumático são utilizadas como interfaces entre os controlos electrónicos e o fluxo de fluido. São abordados dois tipos de válvulas de controlo electropneumáticas: as válvulas servo-pneumáticas e as válvulas de comutação on-off. As válvulas servo-pneumáticas têm uma estrutura complexa e são válvulas de comutação muito dispendiosas, compactas e leves.

As válvulas de comutação on-off funcionam com modulação de largura de impulsos (PWM). A aplicação do sinal PWM como entrada de controlo a uma válvula de comutação faz com que a válvula funcione como uma comutação on-off. Como resultado, o fluido passa através de uma válvula que está completamente aberta ou completamente fechada e é entregue ao atuador como pacotes discretos de massa. Se a taxa de tempo de entrega destes pacotes (frequência PWM) for consideravelmente mais rápida do que a dinâmica do atuador e da carga, então o sistema filtra a discretização dos pacotes e responde à média do sinal de entrada, semelhante ao caso contínuo.

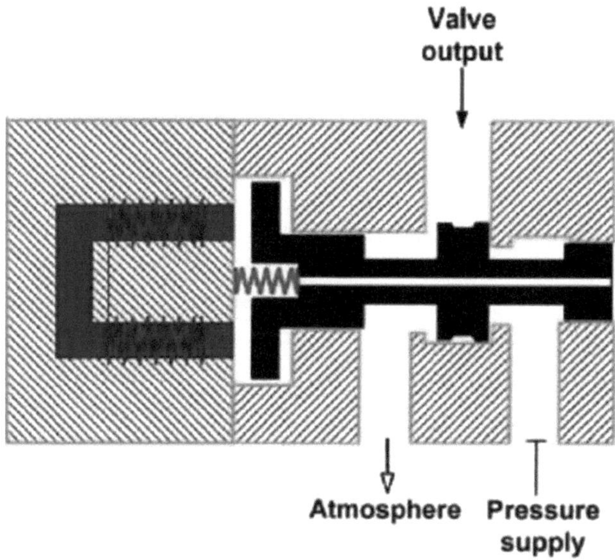

Fig. 2.21 Estrutura da válvula solenoide

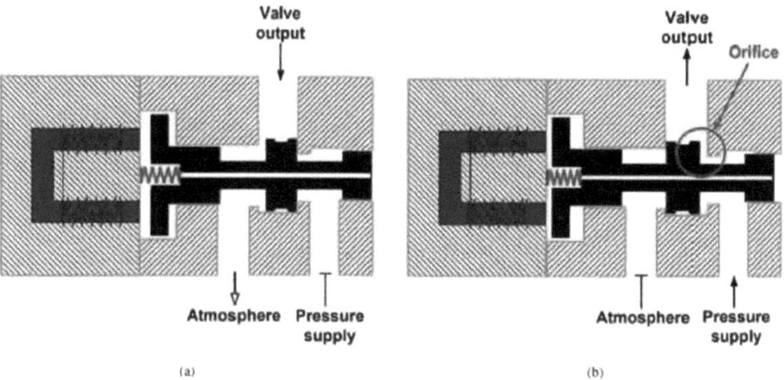

Fig. 2.22 Esquema do funcionamento da válvula. (a): fechada, (b): aberta

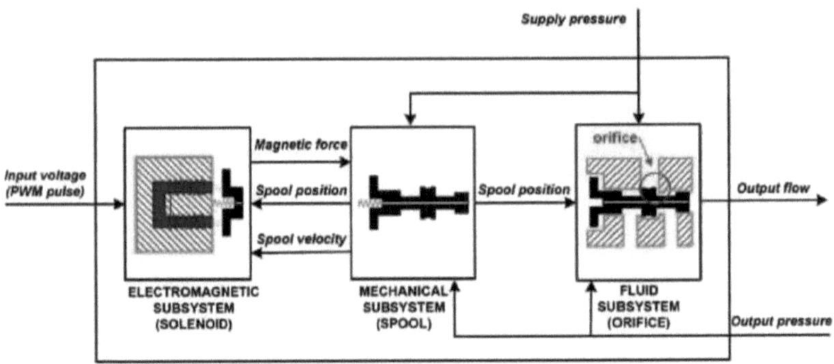

Fig. 2.23 Representação em diagrama de blocos dos subsistemas das válvulas e suas interações

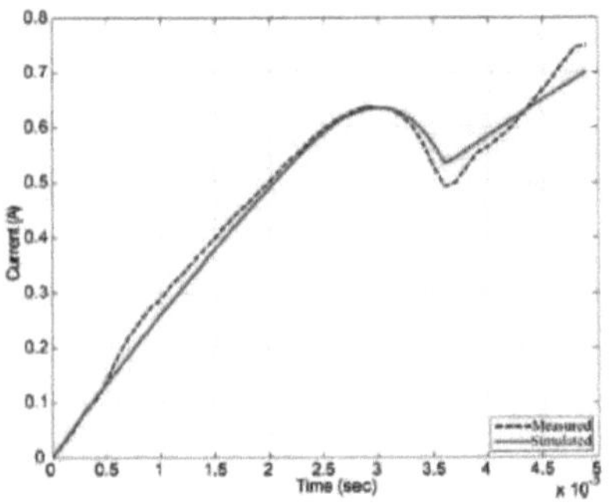

Fig. 2.24 Measured and simulated currents with a 24 volt input

Fig. 2.25 Measured and simulated currents with a 15 volt input

Note-se que as curvas de corrente da Fig. 4 são obtidas aplicando uma entrada de 24 volts, que é a tensão de funcionamento normal da electroválvula. A fim de validar o modelo e os parâmetros identificados, é efectuada outra comparação entre as correntes medidas e simuladas, aplicando uma entrada de 15 volts. Os resultados são apresentados na Fig. 5, que indicam uma concordância correta entre as duas curvas e aprovam a validade do modelo. O intervalo de tempo da corrente na Fig. 4 consiste em várias fases que devem ser interpretadas e justificadas com o comportamento real da válvula. Estas fases podem ser descritas da seguinte forma.

A tensão de entrada é aplicada em $t = 0$ e a corrente começa a aumentar até que a força magnética supere a força da mola e a bobina comece a mover-se aproximadamente em $t = 3$ ms.

Como resultado do movimento da bobina, o comprimento do espaço de ar diminui e a indutância do solenoide aumenta. Consequentemente, a corrente sofre um pico local (cerca de 0,64 A) e começa a diminuir até a bobina atingir o seu curso final e parar aproximadamente em $t = 3,7$ ms (o tempo de abertura completo da válvula estudada é de 3,7 ms)

Quando a bobina pára, a indutância do solenoide torna-se constante e a corrente começa a aumentar novamente. Enquanto a tensão de entrada for aplicada, a corrente continua a aumentar exponencialmente (o comportamento de um circuito R-L de primeira ordem) para atingir um valor de estado estacionário Depois de a válvula abrir completamente, a quantidade de corrente necessária para manter a bobina na sua posição final (corrente de retenção) é muito menor do que a corrente necessária para mover a bobina da sua posição inicial (corrente de comutação). Por outro lado, o tempo de fecho da válvula depende consideravelmente da quantidade de corrente no início do processo de desenergização

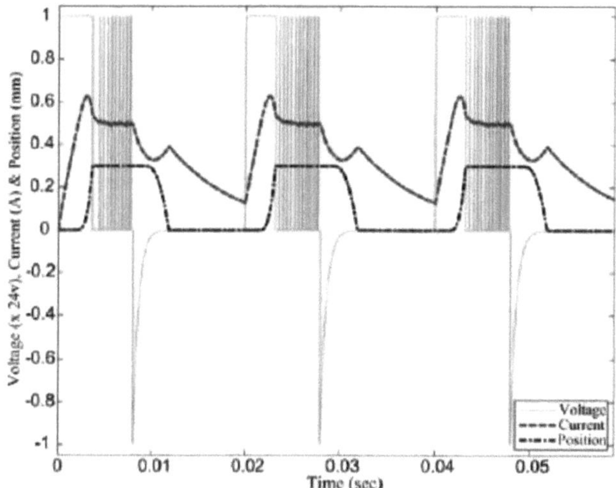

Fig. 2.26 Correspondência entre a tensão aplicada, a corrente e a posição da bobina

2.2 Conclusão derivada da pesquisa bibliográfica:

O estudo do trabalho de investigação revela que se registou uma mudança significativa na tecnologia de forjamento nas últimas duas décadas. Foi inventado muito software de modelação e simulação que ajuda a decidir o número de fases e a dimensão das fases da pré-forma. Num processo de forjamento, a pressão máxima nas superfícies da matriz é atingida no final do processo, quando a cavidade da matriz está completamente cheia. No caso da conformação para trás, é necessária mais pressão do que na conformação para a frente. Aplicação da tecnologia da informação no processo de conformação de metais. Importância de uma linha de forjamento flexível e integração dos módulos de software de gestão de ferramentas, planeamento da produção e gestão de materiais. Existem muitas linhas de forjamento automático desenvolvidas para a indústria de bielas e chapas metálicas.

2.3 Motivação do projeto:

No atual contexto de crescimento rápido, a procura de rolamentos aumenta de dia para dia e, para satisfazer essa procura, a produção de rolamentos tem de aumentar. Há duas formas de aumentar a produção: melhorar a maquinaria da fábrica ou implementar uma tecnologia avançada na fábrica existente.

Na melhoria das máquinas: são necessários mais terrenos, infra-estruturas, máquinas e mão de obra. O resultado é um aumento do custo de produção e de manutenção. Por isso, a automatização das instalações existentes é a melhor solução.

2.4 Objetivo do projeto:

O objetivo do presente trabalho é minimizar a mão de obra necessária para o fabrico da pista exterior de uma chumaceira de rolos cónicos. A partir da revisão da literatura e da visita à empresa, para aumentar a produção sem aumentar os custos, existe a possibilidade de reduzir o número de máquinas e a mão de obra através do desenvolvimento de uma conformação em várias fases com um processo de mecanismo de transferência adequado.

Por conseguinte, o principal objetivo do presente trabalho é o desenvolvimento de um mecanismo de transferência adequado com as alterações necessárias na fixação da matriz.

CAPÍTULO: 3

MODELAÇÃO DA INSTALAÇÃO DE FORJAMENTO

3.1 Modelação 3-D do conjunto de forjamento utilizando o software ProWildfire 4.0

pacote:

No presente trabalho, a tónica é colocada no fabrico da pista exterior de uma chumaceira de rolos cónicos, pelo que é feito um estudo de caso para o fabrico da pista exterior da chumaceira 32211.

Especificações da máquina:

Capacidade de forjamento da máquina	250 toneladas
Curso da máquina	200
Área da lâmina	900 x 650
Ajuste da corrediça	125
Placa de reforço	1250x 800
Espessura da placa de reforço	125
Velocidade	35 peças/min
Energia eléctrica	15 kWx 1440 rpm

Tabela 3.1 As especificações técnicas da máquina são as seguintes [15] (Todas as dimensões estão em mm)

O quadro 3.1 apresenta as principais especificações técnicas da máquina. Como se pode ver no quadro, a máquina tem uma placa de apoio larga para acumular todo o sistema de transferência. A altura da máquina é ajustável de acordo com a forma e o tamanho dos componentes a forjar. A máquina está totalmente equipada com um sistema de fecho positivo e um sistema de expulsão. Numa forja de matriz fechada, a peça de trabalho pode ser levantada com a corrediça, à medida que a corrediça se aproxima para trás ou para cima, o dispositivo de nocaute positivo fornece força extra à peça de trabalho através do pino de nocaute, de modo que a peça de trabalho libera o soco frontal (soco deslizante), enquanto o sistema de chute é usado para ejetar a peça de trabalho da matriz traseira (matriz de placa de reforço). A máquina tem uma embraiagem pneumática para transferir a potência do volante para a cambota.

Dimensão de forjamento por operação da pista exterior da chumaceira 32211 [21]:

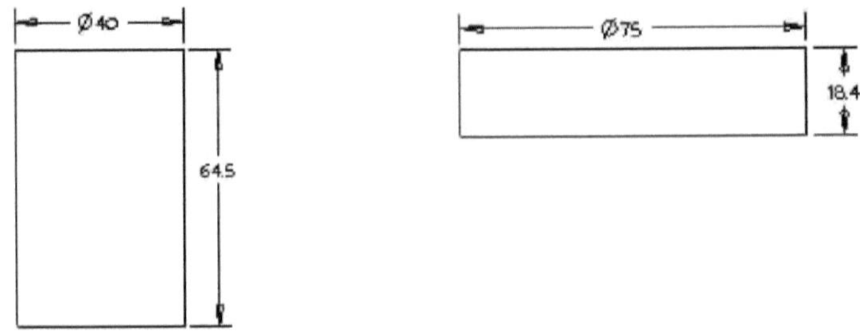

1) Blank cut-off

2) Press 1 operation: Upsetting

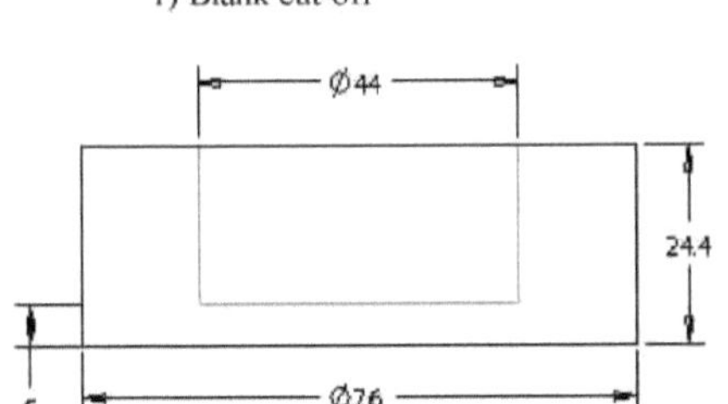

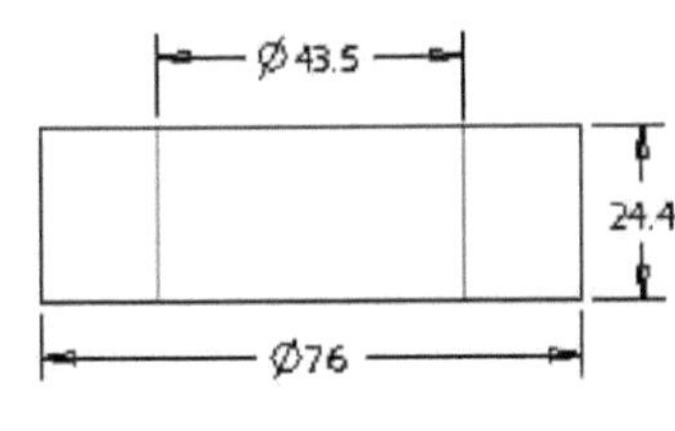

3) Press 2 operation: Backward forming

4) Press 3 operation: Piercing

Operação de perturbação da matriz de	0150x90
Punção de operação perturbadora	0150 x 97.2
Cunho de formação para trás	0120x65
Punção de formação para trás	044 x 45
Operação de perfuração do molde posterior	0120x65
Punção de operação de perfuração	043.5 x 45
Distância central entre duas matrizes ou	190 mm

Tabela 3.2 Dimensões da matriz [21] (Todas as dimensões estão em mm)

Desenho de configuração de ferramentas de forja:

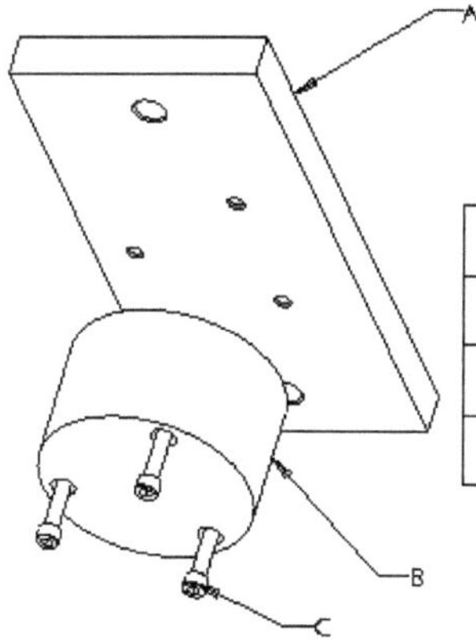

	PART LIST TABLE
A	1st STAGE BACK DIE FIXING PLATE
B	1st STAGE BACK DIE
C	M10 SOCKET HEAD BOLT

1st fase de montagem do cunho traseiro

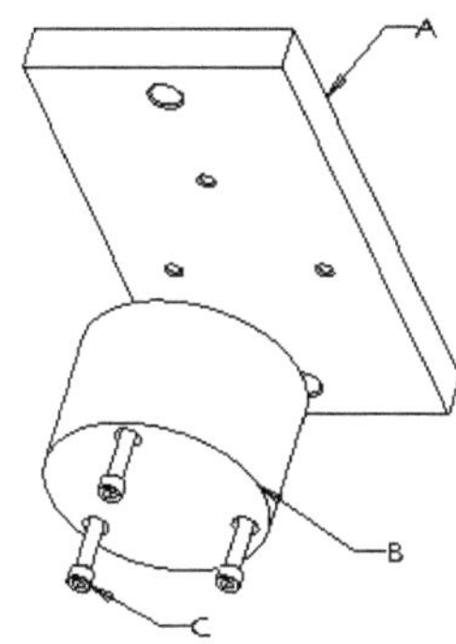

	PART LIST TABLE
A	1st STAGE FRONT PUNCH FIXING PLATE
B	1st STAGE FRONT PUNCH
C	M10 SOCKET HEAD BOLT

1st conjunto de punção frontal de estágio

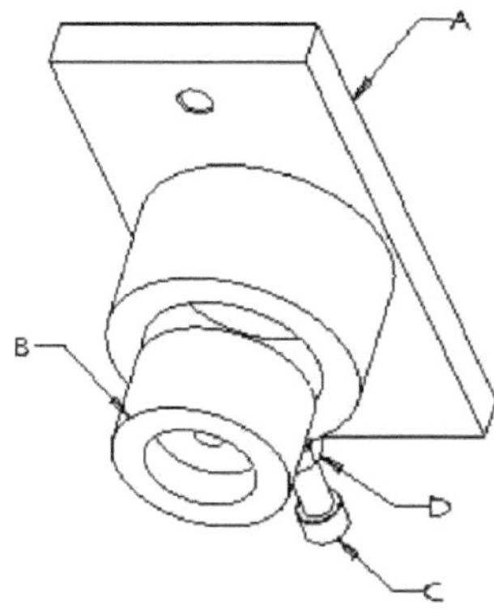

	PART LIST TABLE
A	2nd STAGE BACK DIE FIXING PLATE
B	2nd STAGE BACK DIE
C	M20 SOCKET HEAD BOLT
D	M20 NUT

2nd fase de montagem do cunho posterior

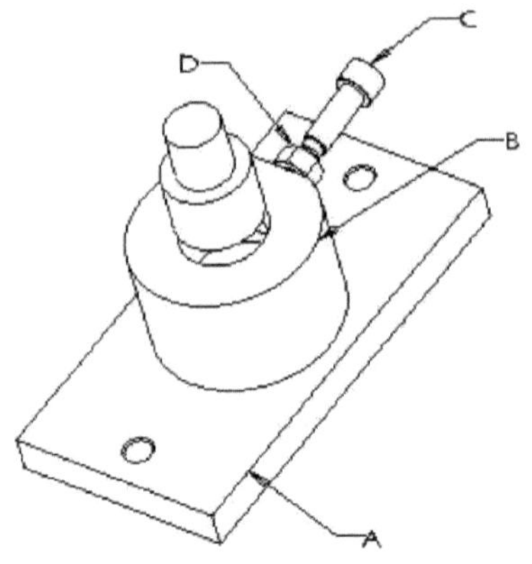

	PART LIST TABLE
A	2nd STAGE FRONT PUNCH FIXING PLATE
B	2nd STAGE FRONT PUNCH
C	M20 SOCKET HEAD BOLT
D	M20 NUT

Conjunto do punção frontal de 2.ª fase

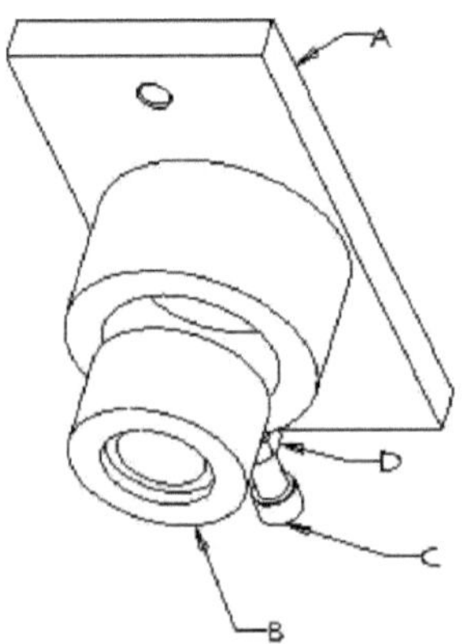

	PART LIST TABLE
A	3rd STAGE BACK DIE FIXING PLATE
B	3rd STAGE BACK DIE
C	M20 SOCKET HEAD BOLT
D	M20 NUT

Conjunto do cunho de 3rd fases

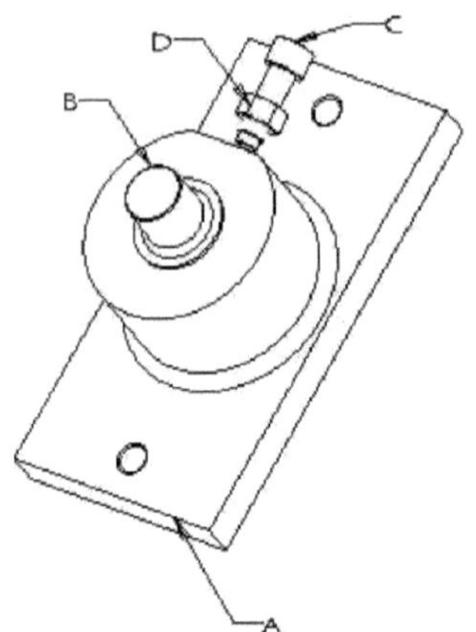

	PART LIST TABLE
A	3rd STAGE FRONT PUNCH FIXING PLATE
B	3rd STAGE FRONT PUNCH
C	M20 SOCKET HEAD BOLT
D	M20 NUT

Conjunto do punção frontal de 3rd fases

A operação de arranque é efectuada em matrizes de 1.ª fase. O corte do bloco a quente é colocado entre duas matrizes à medida que o carro avança para baixo, o comprimento da peça de trabalho diminui simultaneamente o diâmetro da peça de trabalho aumenta.

Na operação seguinte, a conformação para trás é efectuada utilizando matrizes de 2nd fases. O componente previamente fabricado é inserido no orifício da matriz posterior. Nesta operação, é efectuado um furo parcial na peça de trabalho e o comprimento do componente aumenta em conformidade. É necessária mais carga de forjamento na conformação para trás do que na conformação para a frente. Como se pode ver no desenho, existem 4 peças em cada conjunto de matriz de 2nd fases. A placa de fixação da matriz para trás é utilizada para fixar todo o conjunto da matriz na placa de reforço. A matriz é fixada na placa de fixação com um parafuso de cabeça cilíndrica M20. O parafuso de cabeça cilíndrica tem uma ligeira inclinação em relação à placa de fixação para evitar o movimento axial da matriz. Também existe uma disposição semelhante no punção frontal. No conjunto do punção frontal, a única diferença é o punção cilíndrico para criar um furo cego.

A operação de perfuração é efectuada por matrizes de 3.ªfase. Nesta operação, é efectuado um furo passante no componente. Este conjunto de matrizes é mais ou menos semelhante às matrizes de 2.ªfase. O punção frontal tem um ligeiro ângulo de inclinação para reduzir a aderência à peça de trabalho.

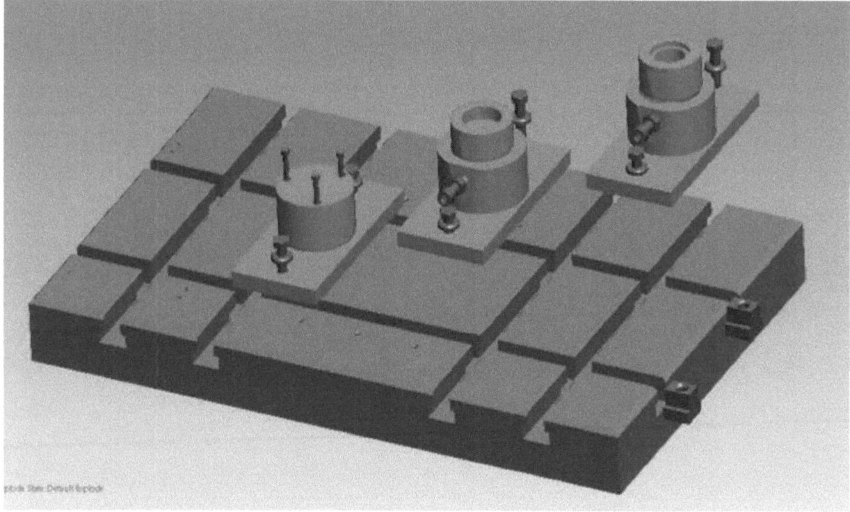

Vista explodida do conjunto da placa da almofada (sem mecanismo de transferência)

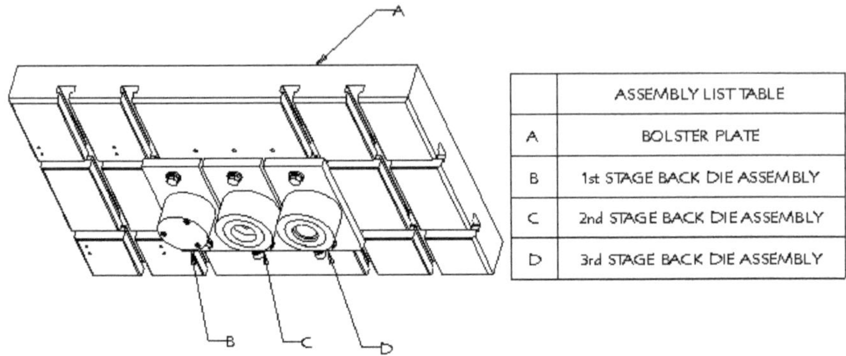

Fig. 3.1 Montagem da placa de reforço

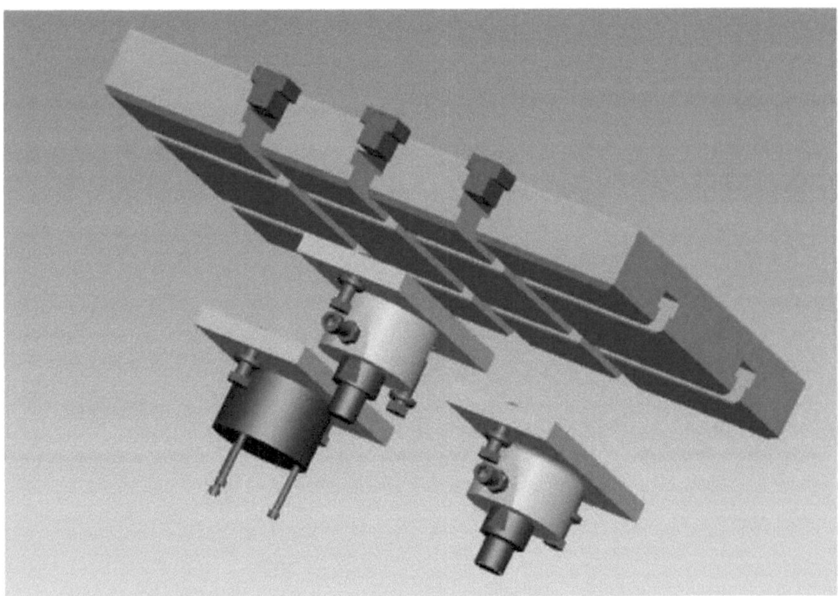

Vista explodida do conjunto da corrediça (sem mecanismo de transferência)

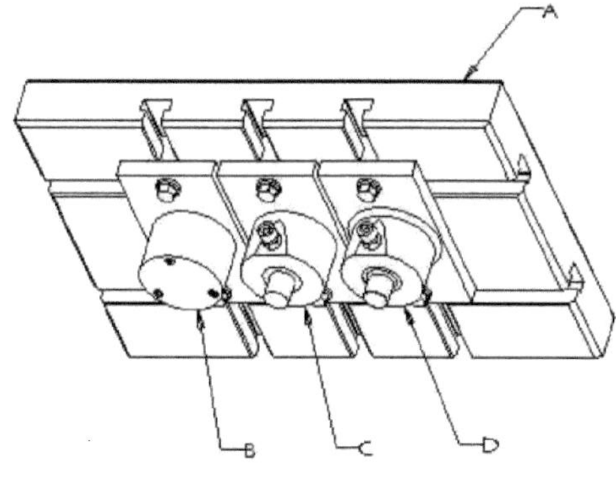

	ASSEBLY LIST TABLE
A	SLIDE
B	1st STAGE FRONT PUNCH ASSEMBLY
C	2nd STAGE FRONT PUNCH ASSEMBLY
D	3rd STAGE FRONT PUNCH ASSEMBLY

Fig. 3.2 Montagem da corrediça

Como mostra a figura 3.1, são montados 3 conjuntos de matrizes traseiras na placa de suporte. A placa de suporte é um componente fixo da máquina. As matrizes são montadas simetricamente em relação ao eixo central da placa de suporte. O parafuso hexagonal M20 é utilizado para fixar o conjunto de matrizes na placa de suporte. Também é utilizado o parafuso padrão M20 T. A distância entre duas matrizes sucessivas é de 190 mm.

Como mostra a figura 3.2, 3 conjuntos de punções frontais são montados na corrediça. O carro é um componente recíproco da máquina. As matrizes são montadas simetricamente em relação ao eixo central da corrediça. O parafuso hexagonal M20 é utilizado para fixar o conjunto de matrizes na corrediça. Também é utilizado um parafuso M20 T normal.

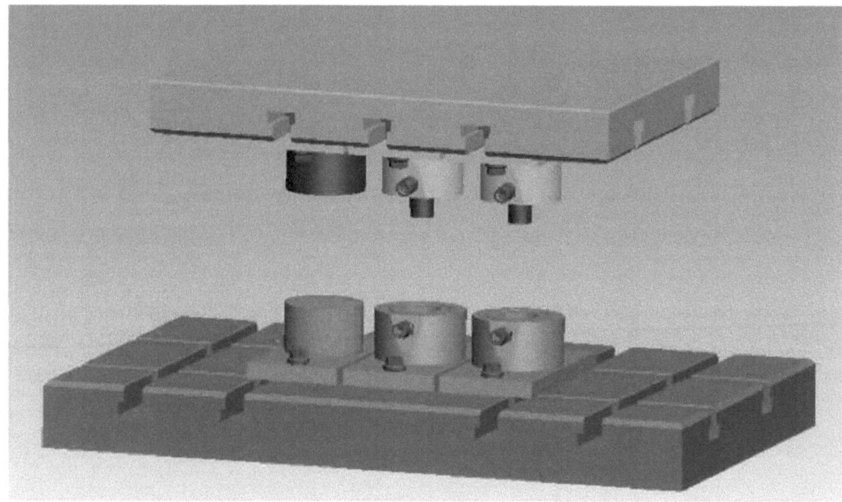

Conjunto de placa de reforço e corrediça (sem mecanismo de transferência)

3.2 Modelação e montagem do mecanismo de transferência:

O mecanismo de transferência contém dois subconjuntos. 1) Conjunto do cilindro de aperto 2) Cilindro deslizante . O conjunto do cilindro de preensão fornece a força de preensão para segurar a peça de trabalho. O conjunto do cilindro deslizante permite o movimento deslizante de todo o conjunto do cilindro de preensão de uma fase para a fase seguinte da matriz.

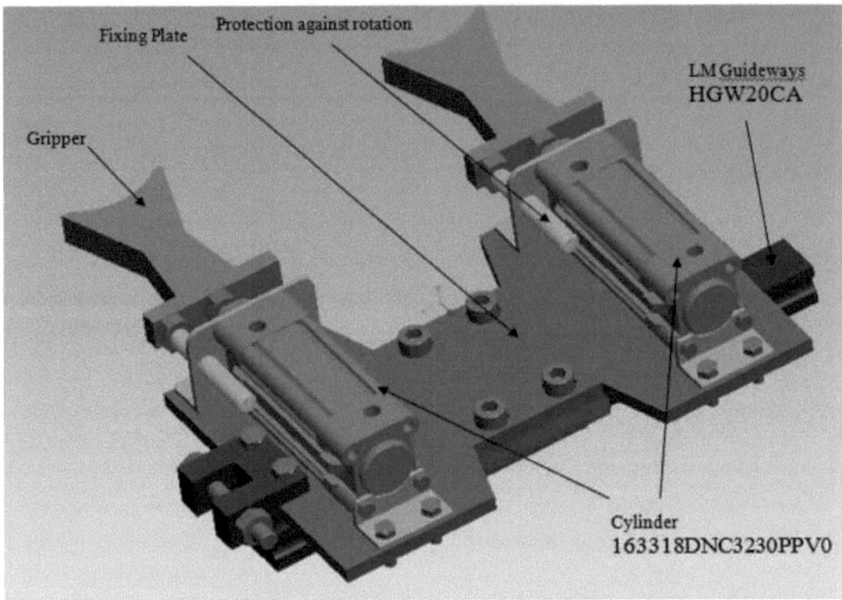

Fig. 3.3 Montagem do cilindro de preensão

A Figura 3.3 mostra a vista montada do cilindro de preensão. Neste conjunto, a placa de fixação é montada na guia linear por meio de um parafuso de cabeça cilíndrica M8X25. (O corte simétrico na placa de fixação proporciona espaço para soltar e apertar o parafuso da matriz de 2.ªfase da placa de reforço). Os cilindros pneumáticos da pinça são montados na placa de fixação utilizando um suporte de montagem. Os cilindros de preensão são simétricos em relação à linha central. A distância entre dois cilindros é a distância entre duas matrizes sucessivas de 190 mm. A haste do cilindro pneumático pode rodar livremente em torno do seu eixo longitudinal, o que não é permitido para um melhor desempenho do mecanismo de transferência. Para impedir esta rotação, é instalado um perno M10 no canto esquerdo da pinça. O curso do cilindro é controlado por um sensor de comutação magnética.

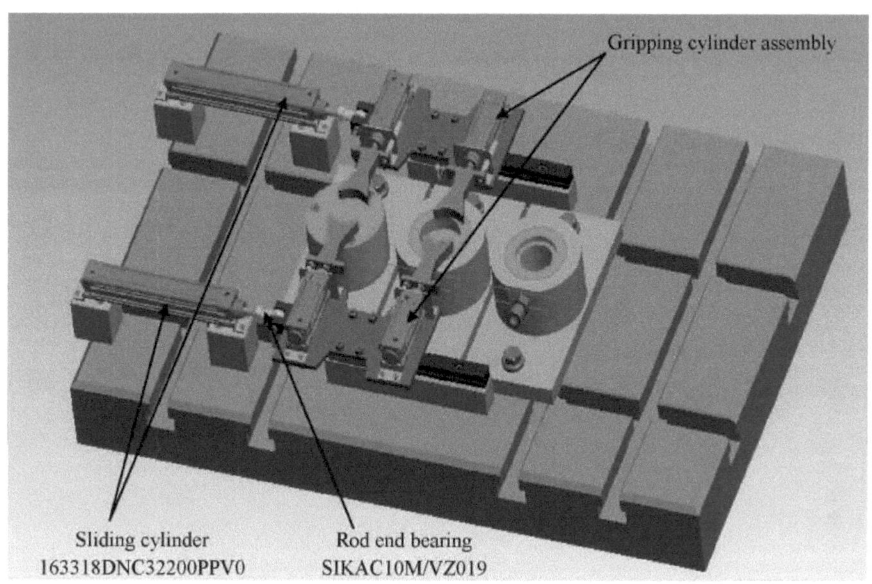

Fig. 3.4 Montagem do cilindro de deslize e do cilindro de preensão

A figura 3.4 ilustra a montagem completa do mecanismo de transferência. O subconjunto do cilindro da pinça é fixado ao cilindro deslizante com um rolamento de extremidade de haste M10X1,25 mm. O rolamento da extremidade da haste permite um ligeiro desalinhamento angular.

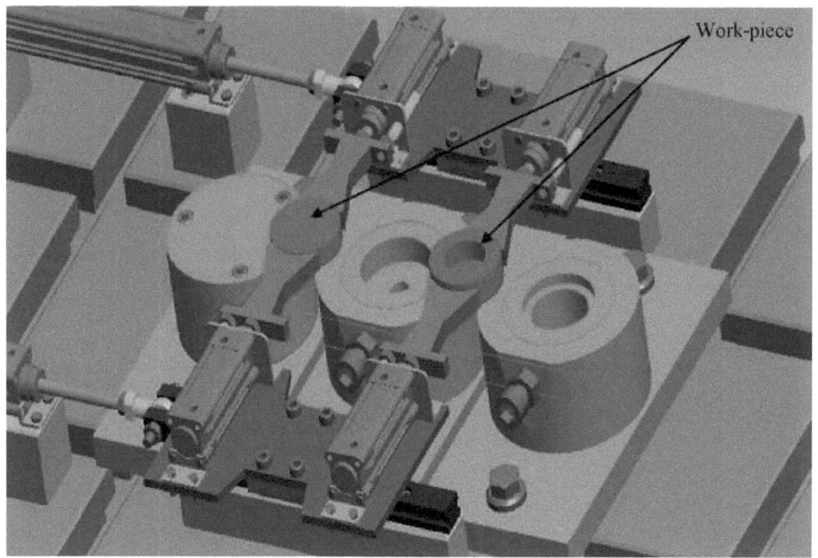

Fig. 3.5 Pinça com peça de trabalho

Como mostra a figura 3.5, a peça de trabalho é agarrada com o cilindro de aperto e transferida para a operação da fase seguinte. A posição da haste do cilindro de aperto é controlada por um circuito elétrico.

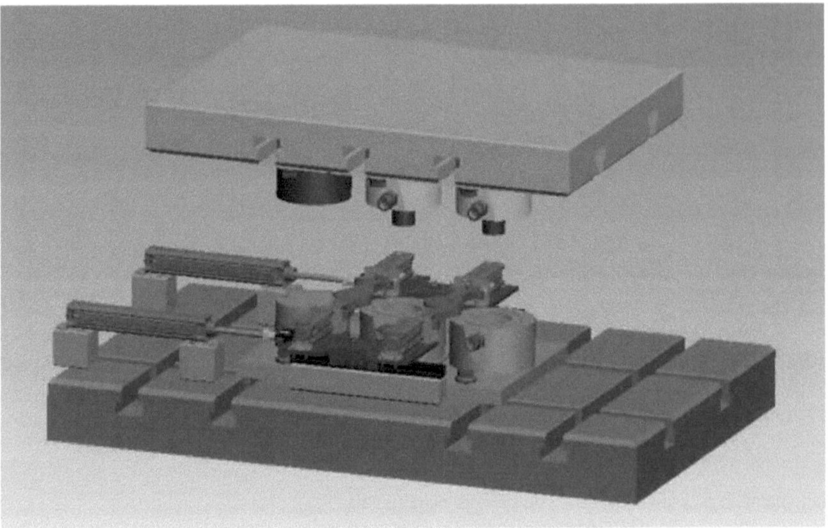

Fig. 3.6 Placa de reforço e corrediça com mecanismo de transferência

A Figura 3.6 mostra a montagem completa do mecanismo. Quando a corrediça se move para cima, a peça de trabalho começa a mover-se para a operação da fase seguinte.

CAPÍTULO: 4

CÁLCULO DA FORÇA E SELECÇÃO DA NORMA PARTE

4.1 Cálculo da força

4.1.1 Força de preensão:

Massa x gravidade x fator de gravidade = Coeficiente de atrito x força de preensão x superfície de contacto

$$Mw \times g \times F = \mu \times f_g \times 2 \quad (4.1)$$

$1.5 \times 9.81 \times 2 = 0.25 \times f_g \times 2$ (For horizontal movement gravity factor is 2) [23]

$29.43 = 0.5 \times f_g$

$f_g = 58.86\ N$

Agora, o fator de segurança é 3,5 (devido à vibração da máquina e a outras condições de funcionamento) [18]

Assim, a força de preensão necessária (f_g) = 206,01 /V ≈206 N (4.3)

Assim, a força de tração do cilindro pneumático necessário é de 206 N.

4.1.2 Cálculo da carga das guias lineares:

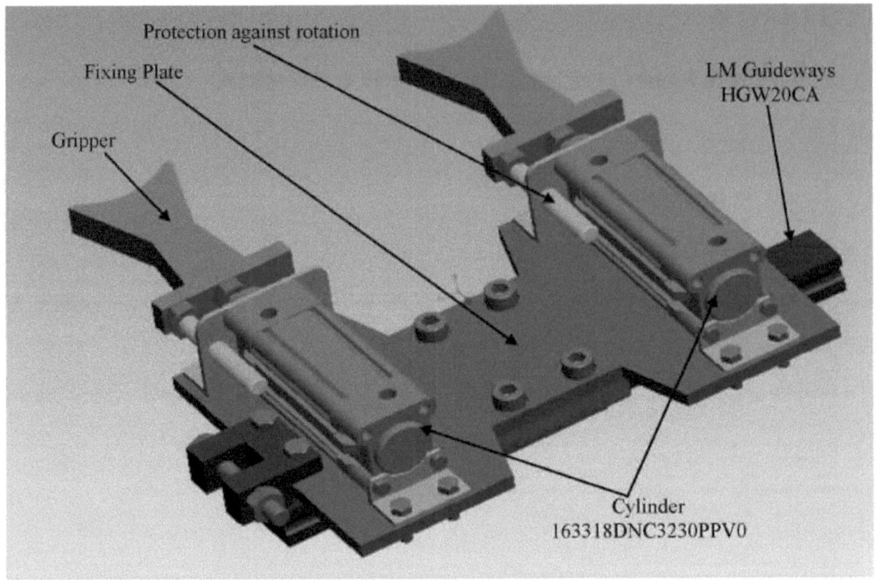

Massa do cilindro: 0,607 kg

Massa da pinça: 0,476 kg

Massa da placa de fixação: 2,53 kg

Massa das peças diversas (suportes, parafusos e porcas): 1,5 kg

Peso total

$= 9{,}81 \times (N.^{\underline{o}}\ de\ cilindro \times 0{,}607 + N.^{\underline{o}}\ de\ pinça \times 0{,}476$

$+\ massa\ da\ placa\ de\ fixação + massa\ diversa")$

$Peso\ total = 9{,}81 \times (2 \times 0{,}607 + 2 \times 0{,}476 + 2{,}53 + 1{,}5)$

$Peso\ total = 60{,}78N$

Por conseguinte, a força normal (R_N) é de 60,78 N (4.3)

Assim, a força nas guias lineares é de 60,78 N.

Cálculo para o momento:

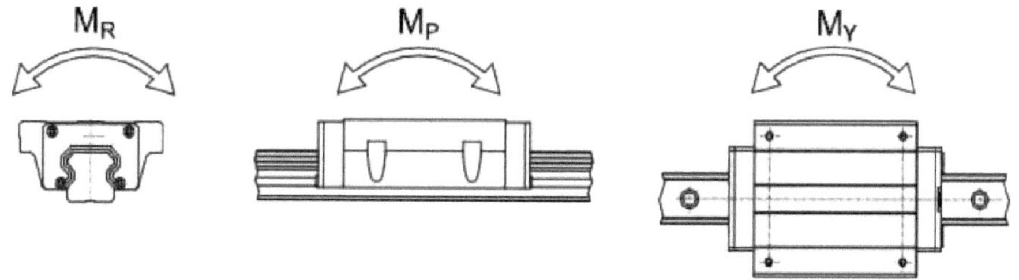

Neste caso, não há um papel significativo de M_P e M_Y devido à carga simétrica.

Enquanto que M_R = Força × *Distância perpendicular*

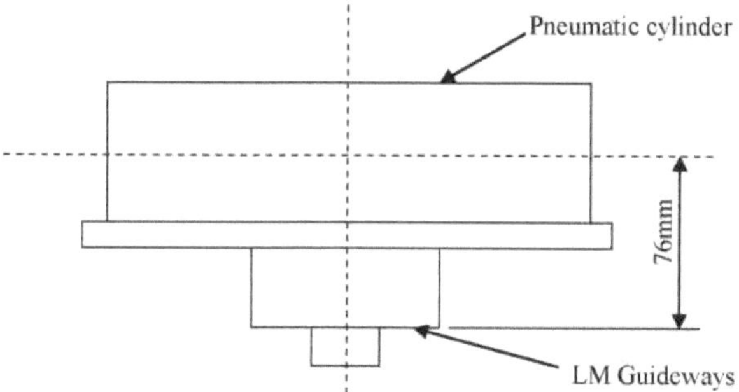

Height of Cylinder axis from the LM Guideway

Força = Força do cilindro

Distância perpendicular = 0,076m

O momento produzido por um único cilindro é M_R = 415 × 0,076

M_R= 31,54 Nm

O momento produzido por dois cilindros é M_R = 63,08 Nm

Tomando o fator de segurança 3 [17]

Assim, M_R = 189,24Nm ≈ 0,189kN (4.4)

4.1.3 Força de empurrão do cilindro para deslocar o conjunto:

Força de empurrão do cilindro necessária para deslocar este conjunto =

coeficiente de fração deLM Unidade de guia × R_N

Colocando o valor de RN da equação 4.2,

Força de empurrão do cilindro necessária para deslocar este conjunto = 0,004 × 60,78

força de empurrar o cilindro necessária para mover este conjunto = 0,243 N

Agora, o fator de segurança é 2 (devido às condições de funcionamento) [18]

Assim, a força de empurrão do cilindro é de 0,48624 N.

4.2 Peças normalizadas:

Peças	Modelo n.	Quantidade	Descrição	Empresa	Sítio Web
Guias lineares	HGW20CA	2 Conjunto	Comprimento 320	HIWIN	www.hiwin.com
Cilindro pneumático	163318DNC3230PPV0	4 Conjunto	Sensor de posicionamento, Furo 32 Curso 30	FESTO	www.festo.com
Cilindro pneumático	163318DNC32200PPV0	2 Conjunto	Sensor de posicionamento, Furo 32 Curso 200	FESTO	www.festo.com
Rolamento da extremidade da haste	SIKAC10M/VZ019	2 Conjunto	Feminino Rosca M10 X 1.25	SKF	www.skf.com

Quadro 4.1 Lista de peças normalizadas

4.2.1 Guias lineares (HGW20CA):

As guias lineares são amplamente utilizadas em máquinas-ferramentas, instrumentos médicos, sistemas de fabricação flexíveis e muito mais.

Apresenta muitas vantagens em relação às calhas convencionais.

- O atrito dinâmico é muito menor, quase 1/50th do que o das calhas convencionais.
- Boa precisão posicional.
- Os rolos pré-carregados proporcionam uma maior estabilidade.

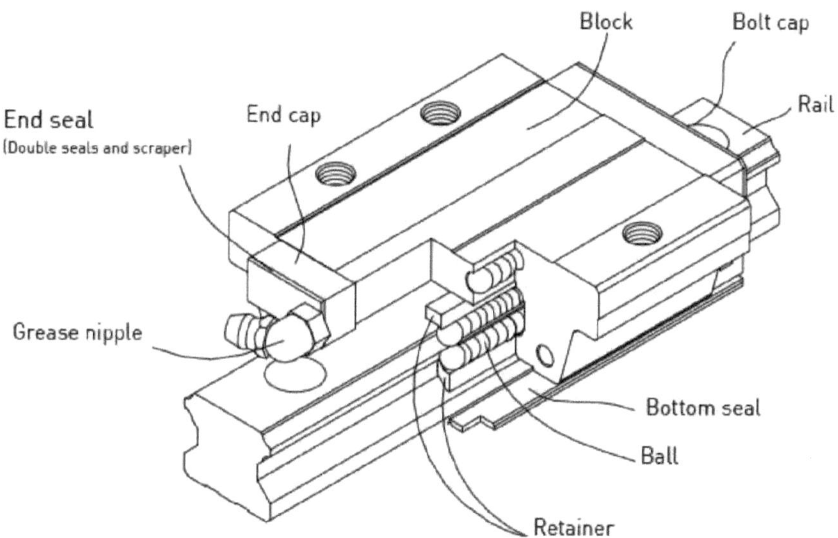

Fig. 4.1 Estrutura das guias lineares

Carga dinâmica de base C(kN)	Carga estática de base C(kN)	Momento estático nominal		
		MR(kN-m)	MP(kN-m)	MY(kN-m)
17.75	37.84	0.38	0.27	0.27

Tabela 4.2: Capacidade de carga da guia linear selecionada (HGW20CA) [17]

De acordo com os nossos cálculos,

- A massa total calculada para a guia linear é de 60,78N, valor muito inferior à capacidade de carga dinâmica da guia linear e
- O momento MR calculado é de 0,189kN-m, enquanto o momento nominal estático da guia linear é de 0,38kN-m. Portanto, a guia linear selecionada é segura.

4.2.2 Cilindro pneumático:

Os cilindros pneumáticos utilizam a energia potencial armazenada de um fluido, neste caso ar comprimido (gás), e convertem-na em energia cinética à medida que o ar se expande numa tentativa de atingir a pressão atmosférica. Esta expansão do ar força um pistão a mover-se na direção pretendida. O pistão é um disco ou cilindro, e a haste do pistão transfere a força. Tem uma resposta rápida ao sinal e pode funcionar até 300 mm/s.

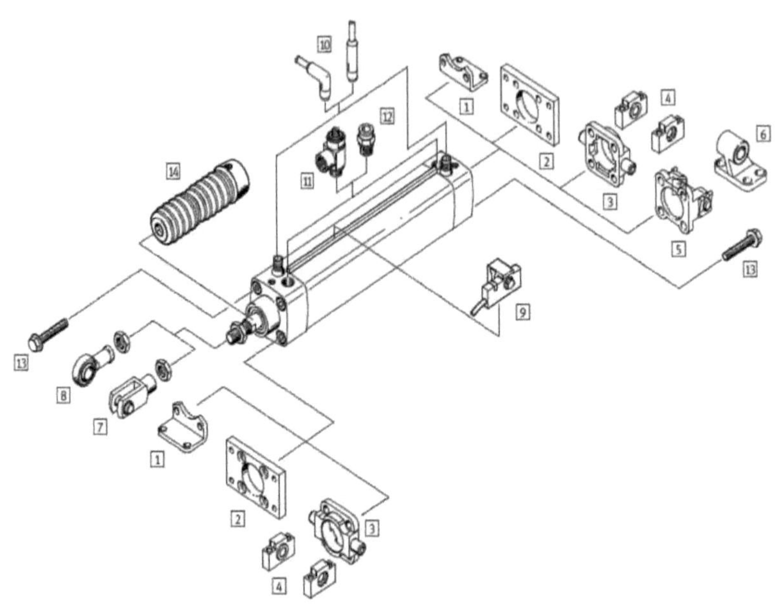

Nome das peças	**Breve descrição**
1. Fixação por pés CRHNS	Para rolamentos e tampas de extremidade
2. Montagem por flange CRFNG	Para rolamentos ou tampas de extremidade
3. Flange de rodagem CRZNG	Para chumaceiras ou tampas de extremidade em combinação com suportes de rodagem CRLNZG
4. Suportes de rodagem	Para montagem giratória CRZNG
5. Flange giratória SNCB	Para tampas de extremidade
6. Pé de apoio CRLNG	Para flange giratória SNCB
7. Forquilha da haste CRSG	Permite um movimento giratório do cilindro num plano
8. Olho de vareta CRSGS	Com rolamento esférico
9. Sensor de proximidade SMT-C1	Para fixação na calha de montagem do sensor
10. Ficha de ligação com cabo	Para transmissão de sinais eléctricos e fornecimento de energia
11. Válvula de controlo de fluxo unidirecional CRGRLA	Para regular a velocidade

12. Encaixe de pressão	Para ligação de tubagem de ar comprimido com diâmetro exterior padrão
13. Parafusos de obturação CR 14. Kit de esferas DADB	Para cobrir as roscas de montagem não utilizadas Protege o cilindro (haste do pistão, vedante e rolamento)

Fig. 4.2 Estrutura básica e lista de peças do cilindro pneumático [18]

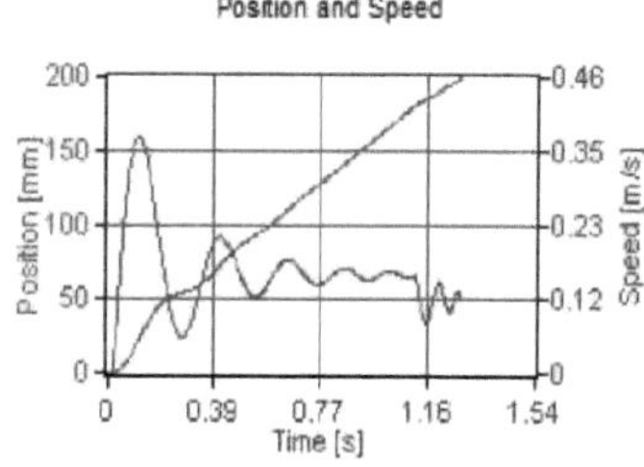

Total positioning time	1.28s
Average speed	0.16m/s
Impact speed	0.11m/s
Max. speed	0.37m/s
Kinetic impact energy	0.06J
Minimum air consumption	1.34l

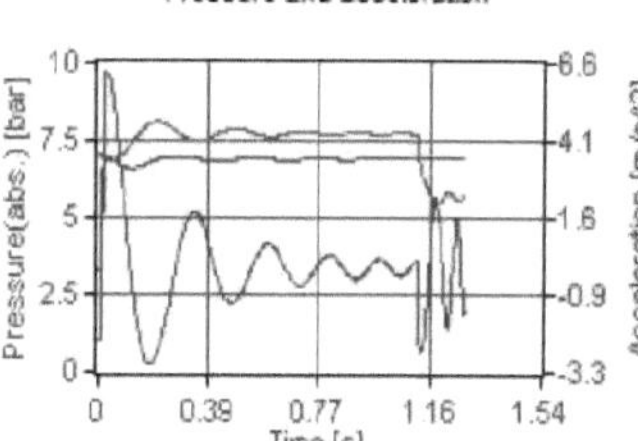

Fig. 4.3 Gráfico do cilindro pneumático 163318DNC32200PPV0 [18]

Diâmetro do pistão	32 mm
Força teórica a 6 bar de avanço	483 N
Força teórica a 6 bar de retração	415 N
Força de retenção estática	600 N

Tabela 4.3 Capacidade de carga do cilindro pneumático 163318DNC3230PPV0 e 163318DNC32200PPV0 [18]

De acordo com os nossos cálculos,

- A força de preensão e a força de empurrar calculadas para mover o trilho guia são 206N e 0,5N, respetivamente, enquanto a capacidade de carga do modelo selecionado é 483N, de modo que o cilindro selecionado é seguro.

4.2.3 Rolamento de extremidade de haste (SIKAC10M/VZ019):

Os terminais de rótula são constituídos por uma cabeça em forma de olho com haste integrada que forma um alojamento para uma rótula normalizada. Regra geral, os terminais de rótula estão disponíveis com roscas fêmea (interna) ou macho (externa) à esquerda ou à direita. São utilizadas quando existe um desalinhamento angular.

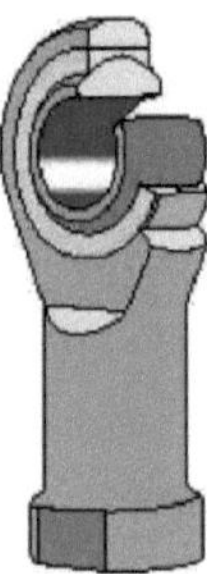

Fig. 4.4 Rolamento da extremidade da haste [19]

CAPÍTULO 5

SIMULAÇÃO INFORMÁTICA E CONTROLO DA POSIÇÃO DE UM CILINDRO PNEUMÁTICO

5.1 Simulação informática de escorrega, cilindro de preensão, cilindro de deslizamento:

A simulação de todo o mecanismo é efectuada com o software ProWildfire 4.0. Aqui é apresentada a linha de comando do servomotor e o gráfico dos movimentos.

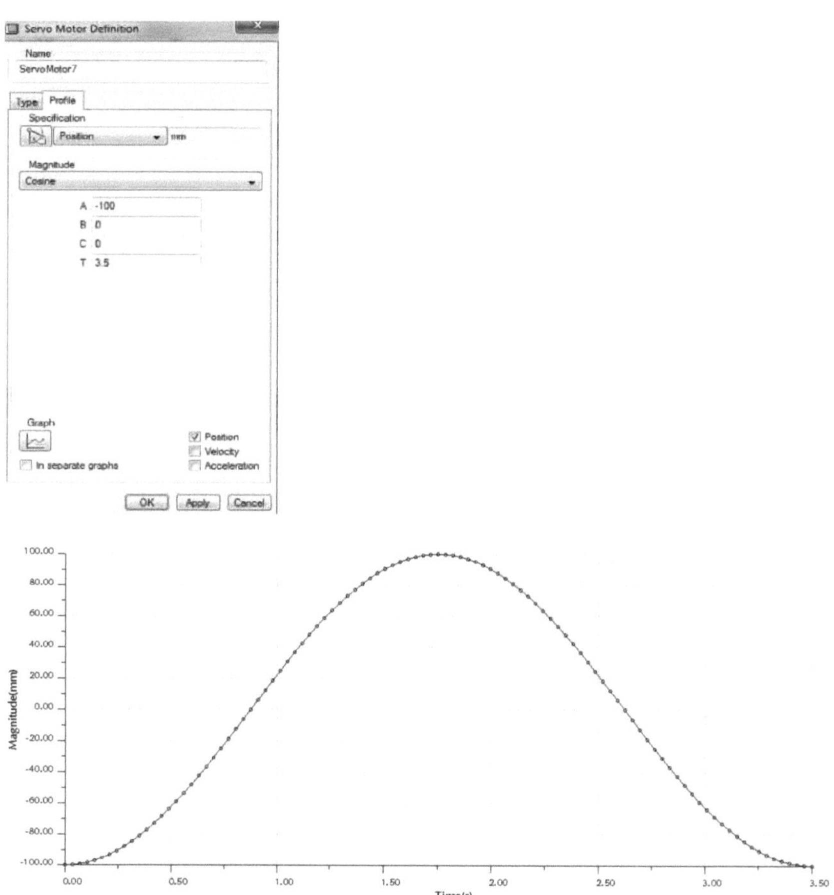

Fig. 5.1 Comando de simulação de deslizamento

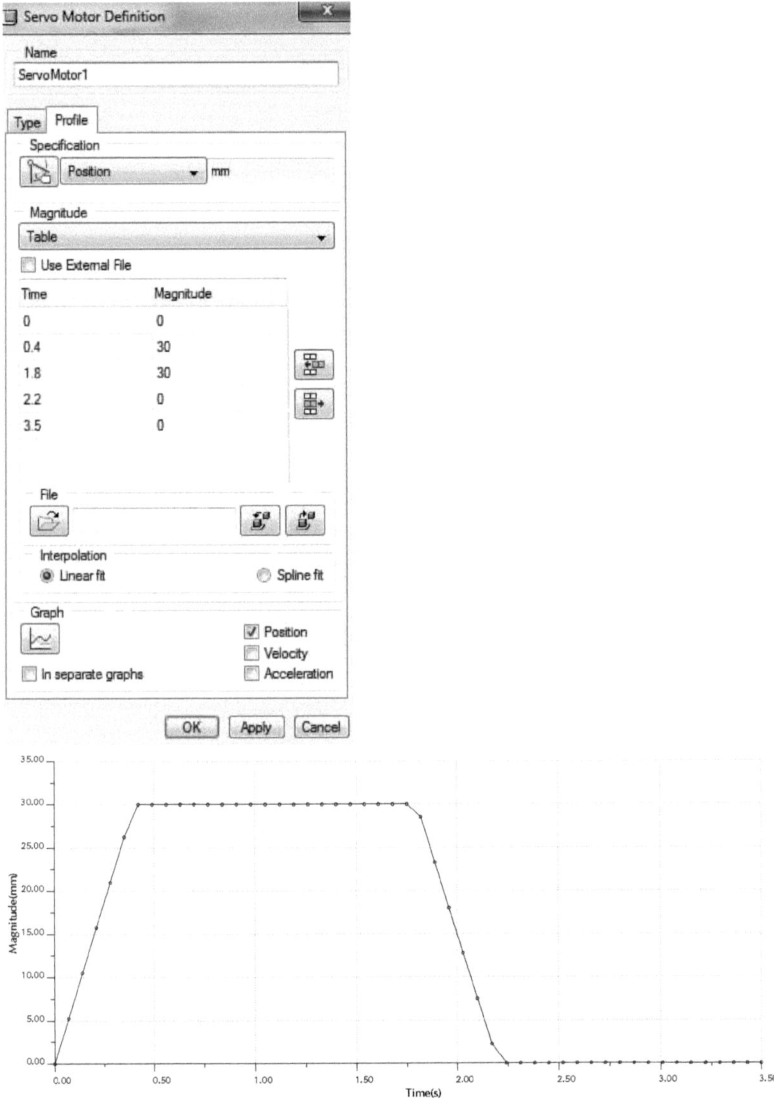

Fig. 5.2 Comando de simulação do cilindro da pinça (163318DNC3230PPV0)

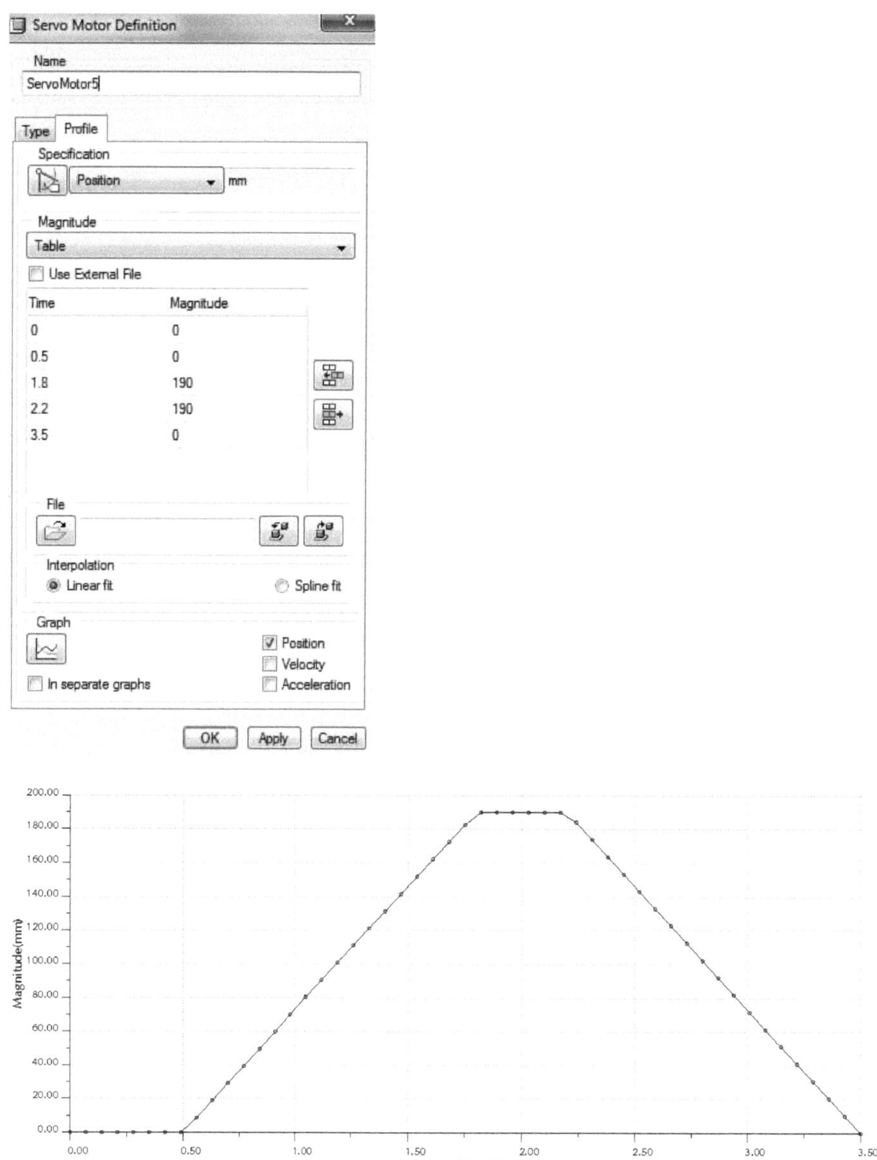

Fig. 5.3Sliding(163318DNC32200PPV0) prompt de comando de simulação de cilindro

O gráfico 5.1 mostra os movimentos da lâmina. No gráfico, a abcissa mostra a variação do tempo (s) enquanto a ordenada mostra a variação da posição (mm). São necessários 3,5 segundos para completar uma volta e o curso da corrediça é de 200 mm. Move-se sinusoidalmente. A posição de -100 indica o ponto morto inferior e a de +100 o ponto morto superior.

O gráfico 5.2 mostra a posição do cilindro de preensão em função do tempo. Como se pode ver no gráfico, após 0,4 segundos atinge um curso de 30 mm e mantém-se na posição ideal até 1,8 segundos, libertando a peça de trabalho para a matriz da fase seguinte. Depois disso, o cilindro começa a retrair-se e atinge a posição inicial em 0,4 segundos, mantendo-se estável até completar o ciclo.

O Gráfico 5.3 ilustra a mudança de posição do cilindro deslizante em função do tempo. Como mostrado, é estável até 0,5 segundo, enquanto o cilindro de aperto segura a peça de trabalho e, em seguida, o cilindro de empurrar da Guia Linear percorre uma distância de 190 mm em 1,3 segundo e alcança o centro da matriz da próxima etapa. Depois disso, o cilindro permanece ideal por 0,4 segundo e então alcança a posição inicial.

Comparando os gráficos 5.1, 5.2 e 5.3, à medida que a corrediça se move para cima, simultaneamente o cilindro da pinça começa a mover-se para a frente para segurar a peça de trabalho após 0,4 segundos, atingindo um curso de 30 mm durante esse tempo, o cilindro deslizante é ideal, após 0,5 segundos o cilindro deslizante começa a mover-se para a frente e atinge o centro da matriz da fase seguinte em 1,3 segundos, enquanto o cilindro da pinça está em condições ideais. No momento seguinte, o cilindro de aperto liberta a peça de trabalho e o cilindro deslizante começa a retrair-se. No final do ciclo, ambos os cilindros atingem a posição inicial. Para completar um ciclo, são necessários 3,5 segundos.

5.2 Funcionamento do sistema pneumático:

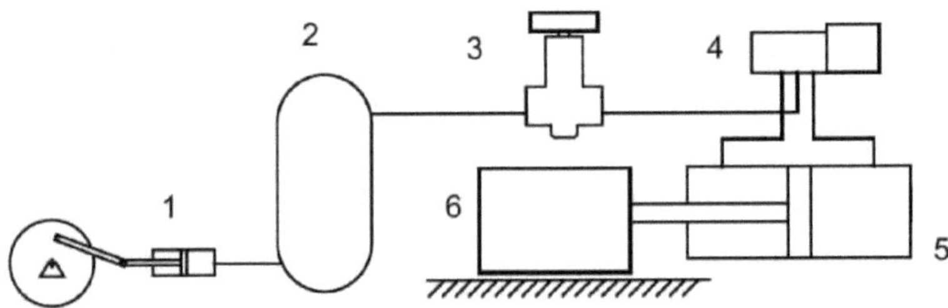

(1) Compressor, (2) Depósito de armazenamento, (3) Filtro-Regulador de pressão-Lubrificação (F-R-L) (4) Válvula solenoide, (5) Cilindro, (6) Carga

Fig. 5.4 Diagrama linear do sistema pneumático

Como se mostra na figura 5.4, o compressor é utilizado para gerar o ar que é armazenado num grande depósito de armazenamento e o ar flui através de F-R-L, chegando depois à válvula solenoide. De acordo com o sinal elétrico transmitido à válvula solenoide, o ar flui no canal do cilindro e, devido à diferença de pressão, a carga começa a mover-se. A válvula solenoide é conhecida como uma válvula de controlo electropneumático. As válvulas de controlo electropneumático são utilizadas como interfaces entre os controlos electrónicos e o fluxo de fluido. Geralmente, as válvulas solenóides de

24 V estão facilmente disponíveis no mercado. A válvula solenoide liga-se e desliga-se à medida que o sinal elétrico passa por ela.

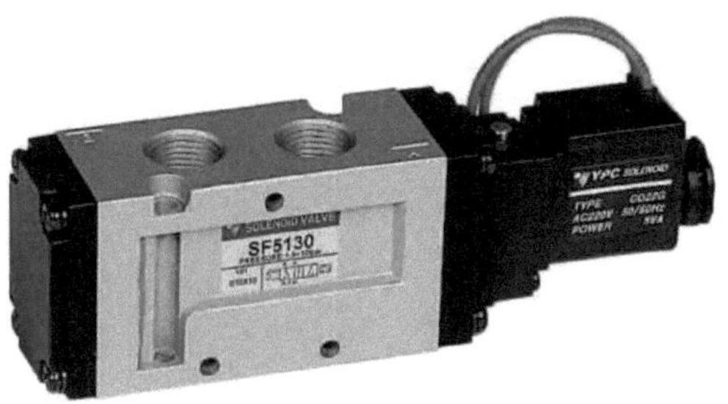

Fig. 5.5 Válvula solenoide

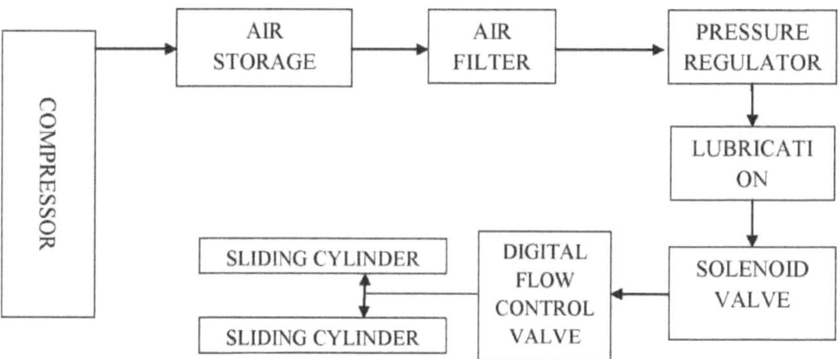

Fig 5.6 Diagrama de blocos do cilindro deslizante

O maior desafio é mover os dois cilindros deslizantes à mesma velocidade. Como ilustrado na figura 5.6, a válvula digital de controlo do fluxo é utilizada para manter a mesma velocidade de ambos os cilindros deslizantes. A válvula digital de controlo do fluxo regula o fluxo de ar (gás) em ambos os cilindros deslizantes.

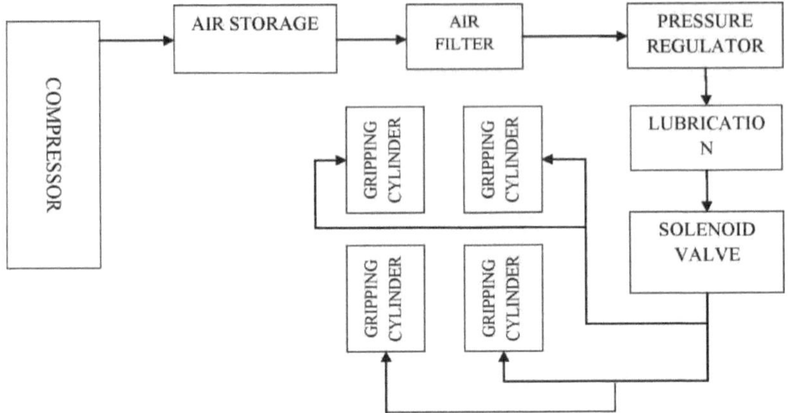

Fig. 5.7 Diagrama de blocos do cilindro de preensão

Todos os cilindros de preensão se movem simultaneamente em função do sinal dado pelo circuito elétrico, de modo que é possível controlar todos os cilindros de preensão através de Como mostra a figura 5.7, todos os cilindros de preensão são controlados por uma única válvula solenoide.

5.3 Controlo elétrico

Para controlar a posição do cilindro pneumático, é utilizado um temporizador digital para transmitir o sinal elétrico à válvula solenoide num determinado momento.

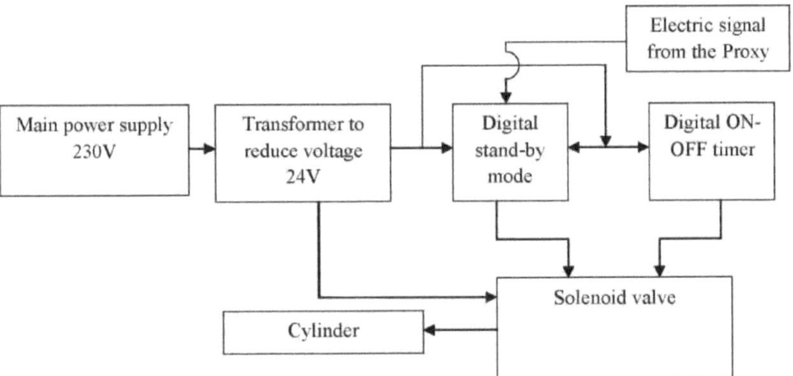

Fig. 5.8 Esquema do circuito elétrico

Como se mostra no diagrama de blocos, a energia é fornecida ao transformador para reduzir a alta tensão para 24V. Quando o sinal elétrico passa do Proxy, o temporizador digital de espera é ativado e dá um sinal ao temporizador ON-OFF de acordo com a configuração predefinida do temporizador. Em seguida, o sinal passa através da electroválvula e, consequentemente, o cilindro move-se. O temporizador em modo de espera atrasa o sinal elétrico e ajuda a manter a posição ideal do pistão.

CAPÍTULO 6

RESULTADO

6.1 Planta da futura fábrica de forja:

Ao utilizar a configuração de formação em várias fases, o número de operações é reduzido. Três prensas de forjamento são substituídas por uma única prensa de forjamento pesado. Agora só são necessárias 6 operações em vez de 8 operações.

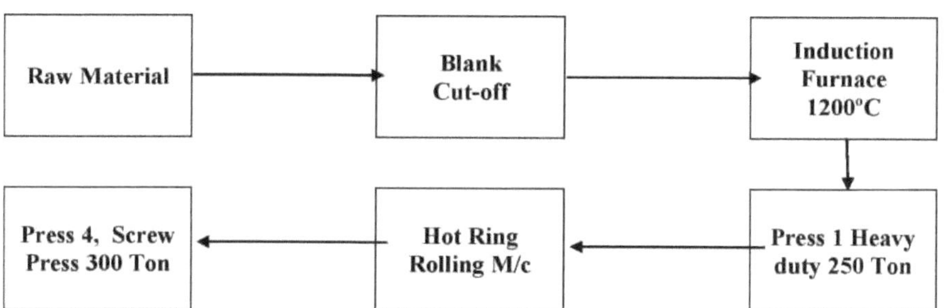

6.2 Dados estatísticos:

De acordo com os dados estatísticos fornecidos pelas autoridades da empresa:

1) O processo da matéria-prima para o forno está a funcionar eficazmente e pode produzir 17pcs/min.

2) A produtividade da mão de obra 3(Forno) é de 17pcs/min.

3) A produtividade da mão de obra 4 (Prensa 1) também é de 17 peças/minuto, enquanto a capacidade da mão de obra 5 (Prensa 2) e 6 (Prensa 3) é de 11-12 peças/minuto, o que se deve ao facto de terem de colocar a peça de trabalho dentro da matriz.

Devido à falta de sincronização entre os trabalhadores, a perda de produção é de, no mínimo, 5 unidades/minuto, bem como de calor (porque o p/p pode arrefecer e é necessário reaquecer).

300pcs/hr e para 2400pcs/dia e no final do mês atinge até **62400pcs/mês**.

A utilização de um processo de conformação em várias fases permite reduzir a mão de obra.

Numa base horária, o salário mínimo do trabalhador é de 25Rs/hr. Portanto, são 200Rs/dia. Para dois trabalhadores é 400Rs/dia, e a poupança por mês é **10400Rs/mês**.

A perda total é de 62400 peças/mês, para além de 10400Rs/mês.

CAPÍTULO 7

CONCLUSÃO

Durante o presente trabalho, verificou-se que: Numa configuração de forjamento atual, ocorrem normalmente alguns problemas como a perda de calor, é necessária mais mão de obra, menos produção, etc., utilizando a formação em várias fases, a mão de obra pode ser reduzida e a produção aumentada.

Dois trabalhos podem ser eliminados através da implementação da conformação em várias fases numa configuração atual de forjamento.

A utilização desta técnica permite reduzir significativamente as perdas de calor.

Menos número de máquinas, menos custos de manutenção e de transporte, em última análise, uma boa produção e mais lucro.

Verifica-se uma mudança drástica na produção, bem como uma poupança monetária. A produção quase atinge as cem mil peças.

CAPÍTULO 8

ÂMBITO DO TRABALHO FUTURO

Atualmente, está a ser desenvolvido um mecanismo de transferência adequado para aumentar a produção e reduzir o esforço humano. No futuro, é possível construir uma instalação automática completa utilizando um robô industrial, uma câmara de infravermelhos, sensores e um sistema de transporte que pode reduzir 100% do esforço humano.

REFERÊNCIAS

[1] Takamitsu Suzuki "Recent developments of forging in Japan" Int. J. Mach. Tools Fabricante. Vol. 29 No. 1(1989) 5-27.

[2] Dieter Schmoeckel "Desenvolvimentos na automatização, flexibilização e controlo de máquinas de moldagem", Alemanha.

[3] A.N. Barmley, D.J. Mynors, et al "The use of forging simulation tools" Materials and design 21 (2000). 279-286.

[4] Murat Arbak, A. Erman Tekkaya, Feridun Ozhan, et al "Comparison of various preforms for hot forging of bearing rings" Journal of Materials Processing Technology 169 (2005) 72-82.

[5] Q. Wang, F. He, et al "A review of developments in the forging of connecting rods in China" Journal of Materials Processing Technology 151 (2004) 192-195.

[6] Dr. W. Roddeck, "Automação no processo de conformação", Universidade do Ruhr, Bochum, República Federal da Alemanha.

[7] Kerim Cetinkaya "Design and application an integrated element selection model for press automation line" Materials and Design 28 (2007) 217-229.

[8] M.J. Nategh, T.A. Dean, et al "A concept for a flexible forging-forging-machining system(FFMS)" Int. J. Mach. Tools Manufacturer Vol. 30 No.1(1990) 33-42.

[9] Steffen Reinsch, Bernd mussig, Bernd Schmidt, Kirsten Tracht, et al "Advanced manufacturing system for forging products" Journal of Materials Processing Technology 138 (2003) 16-21.

[10] I.V. Logashina, E.N. Chumachenko, et al "Commercial use of information technologies in metal shaping" Metallurgist Vol. 53(2009)1-2.

[11] N.A. Daw, J.Wang, Q.H.Wu, J. Chen e Y. Zhao, et al "Parameter identification for nonlinear pneumatic cylinder actuators" Springer-Verlag Berlin Heidelberg 2003.

[12] V.V.Burenin, "New Designs of Pneumatic Cylinder" (Novas concepções de cilindros pneumáticos) Russian Engineering Research, 2008, Vol. 28, No. 10, pp. 1030-1033.

[13] Ye Qifang,Chen Jiangping, et al "Dynamic analysis of a pilot-operated two-stage solenoid valve used in pneumatic system" Simulation Modelling Practice and Theory 17 (2009) 794-816.

[14] M. Taghizadeh, A. Ghaffari, F. Najafi, et al "Modeling and identification of a solenoid valve for PWM control applications" C. R. Mecanique 337 (2009) 131-140.

[15] http://www.sewpresses.com/sumo.htm

[16] http://www.wikipedia.org

[17] http://www.hiwin.com

[18] http://www.festo.com

[19] http://www.skf.com

[20] http://www.sewpresses.com/sumo.htm

[21] Visita à empresa Kirti Forging - Rajkot

[22] PSG College of Technology, livro de dados de design, Kalaikathir Achchagam, 2006.

[23] R K Mital, I J Nagrath, Industrial robotics, McGraw-Hill, 2005.

[24] James G. Bralla, Handbook of manufacturing processes, Industrial Press, Inc, N.Y. 2006.

Printed by Books on Demand GmbH, Norderstedt / Germany